MÉMORANDUM

DES

TRAVAUX DE BOTANIQUE

ET DE PHYSIOLOGIE VÉGÉTALE

QUI ONT ÉTÉ PUBLIÉS

PAR L'ACADÉMIE ROYALE DES SCIENCES, DES LETTRES ET DES BEAUX-ARTS

DE BELGIQUE

PENDANT LE PREMIER SIÈCLE DE SON EXISTENCE

(1772–1871)

RAPPORT SÉCULAIRE

PAR

ÉDOUARD MORREN

Membre de l'Académie, professeur de botanique à l'Université de Liége.

BRUXELLES

F. HAYEZ, IMPRIMEUR DE L'ACADÉMIE ROYALE DE BELGIQUE.

1872

MÉMORANDUM

DES

TRAVAUX DE BOTANIQUE

ET DE PHYSIOLOGIE VÉGÉTALE.

Extrait du *Livre commémoratif du centième anniversaire de l'Académie*
(1772-1872).

MÉMORANDUM

DES

TRAVAUX DE BOTANIQUE

ET DE PHYSIOLOGIE VÉGÉTALE

QUI ONT ÉTÉ PUBLIÉS

PAR L'ACADÉMIE ROYALE DES SCIENCES, DES LETTRES ET DES BEAUX-ARTS

DE BELGIQUE

PENDANT LE PREMIER SIÈCLE DE SON EXISTENCE

(1772-1871)

RAPPORT SÉCULAIRE

PAR

Édouard MORREN

Membre de l'Académie, professeur de botanique à l'Université de Liége.

BRUXELLES

F. HAYEZ, IMPRIMEUR DE L'ACADÉMIE ROYALE DE BELGIQUE.

1872

PRÉFACE.

L'Académie royale de Belgique nous ayant chargé de lui présenter, à l'occasion de son jubilé centenaire, le résumé de ses travaux concernant les sciences botaniques, nous nous sommes efforcé de condenser dans ces quelques pages tout ce qui lui appartient en propre dans les progrès considérables réalisés depuis l'époque de sa fondation. En y ajoutant, d'une manière sommaire, d'autres travaux accomplis dans le pays, nous avons réuni les principaux matériaux d'une histoire de la botanique en Belgique depuis un siècle.

Nous avons adopté l'ordre méthodique afin de pouvoir rattacher notre activité nationale à l'ensemble de la science et mettre en relief les points essentiels qui sont restés définitivement acquis. On reconnaît ainsi que pas une seule des branches de la botanique n'a été négligée, mais que toutes ont été marquées par des progrès et par des découvertes.

L'état des sciences est toujours lié à la situation morale et politique des peuples. On s'en aperçoit bien vite en étendant le regard sur les cent dernières années de notre histoire, pendant lesquelles la Belgique, d'abord attachée à l'empire d'Allemagne, fut ensuite envahie par la France, puis unie au royaume des Pays-Bas avant de s'appartenir à elle-même. Pendant les règnes de Marie-Thérèse et de Guillaume Ier la Belgique jouissait au moins d'une certaine autonomie et de la sécurité nécessaire pour les travaux de l'esprit. Les productions ne sont ni bien nombreuses ni bien importantes pendant ces deux périodes, mais elles concernent presque toutes la connaissance même du pays.

On dirait que l'amour de la patrie se manifeste volontiers quand il n'est pas satisfait. A la fin du dix-huitième siècle, ces productions ont un caractère pratique et technologique : elles deviennent plus scientifiques pendant la période néerlandaise. L'intervalle est marqué par plusieurs années de stérilité presque absolue et ce sont précisément les années néfastes de la domination française. Après 1830, aussitôt que la nationalité belge fut constituée et que, sous l'égide glorieuse de Léopold Ier, la nation marcha, heureuse et libre, vers son expansion naturelle, les hommes de science et d'activité surgirent en grand nombre et ils abordèrent les questions de la science absolue. Dès ce moment les travaux acquirent une valeur que n'ont jamais obtenue ceux qui les ont précédés.

De ce qui précède il résulte que nous avons dû, pour écrire l'histoire du passé, distinguer nettement trois périodes, savoir : la période Marie-Thérésienne, la période néerlandaise et la période nationale. Chacune est marquée d'un caractère particulier et représentée par des hommes différents. La dernière est de beaucoup la plus intéressante. Elle est signalée par Ch. Morren, J. Kickx, M. Martens, Coemans et Spring, ces maîtres vénérés et ces savants éminents que nous avons aimés. Ce n'est pas sans émotion et sans une grande défiance de nous-même que nous avons coordonné leurs travaux pour les réunir en un seul cadre, avec ceux de M. Barthélemy Du Mortier et de M. Quetelet qui, aujourd'hui, représentent à nos yeux les traditions de nos éminents et regrettés prédécesseurs.

RAPPORT SÉCULAIRE

SUR LES TRAVAUX DE BOTANIQUE

ET DE PHYSIOLOGIE VÉGÉTALE

(1772-1872).

I

PÉRIODE MARIE-THÉRÉSIENNE.

I. — LA BOTANIQUE ET LA PHYSIOLOGIE VÉGÉTALE A LA FIN DU DIX-HUITIÈME SIÈCLE.

On peut en quelques traits, par des noms illustres et par des faits saillants, ébaucher l'état de *l'aimable science* à la fin du dix-huitième siècle : c'est le cadre nécessaire du tableau que nous devons composer.

Linné mourait à Upsal le 10 janvier 1778, Albert von Haller s'était éteint en 1777 et Ant.-Laur. de Jussieu publiait en 1789 son *Genera Plantarum*.

On voit quelles violentes agitations la science des végétaux éprouvait à la fin du dix-huitième siècle : ses progrès rapides semblent se ressentir des changements sociaux.

Avec Haller disparaît l'ancienne école, l'école de la croyance. Linné fonde la nomenclature, il écrit la *Philosophia botanica*, livre immortel qui est la base de la législation scientifique. Jussieu représente l'esprit de libre examen s'exerçant sur la structure extérieure des végétaux. L'arrangement, le système, la méthode, ces trois mots résument trois périodes scientifiques qui sont en conjonction à la fin du dix-huitième siècle et qui peuvent se personnifier dans Haller, Linné et Jussieu.

Les élèves de Linné, animés de ce feu sacré qui excite l'esprit d'investigation, développaient les connaissances positives dans le règne végétal. Thunberg revenait du Japon, Sparmann du cap de Bonne-Espérance et Forster de son grand voyage autour du monde. C'était l'époque de F. von Schrank (Munich), A.-J. Retzius (Lund), J.-A. Murray, Ch.-F. et Ch.-G. Ludwig, J.-F. Gmelin (Tubingue), P.-D. Giseke (Hambourg), Boemer (Leipzig), Baldinger. Au moment où Marie-Thérèse fondait l'Académie de Bruxelles, Nicolas-Joseph Jacquin publiait à Vienne ses grands ouvrages d'iconographie végétale; Batsch allait bientôt commencer ses nombreuses publications; G.-C. von OEder éditait sa *Flora Danica* (1770); J.-C. Schaeffer donnait ses *Icones fungorum*; C. Swartz écrivait ses *Nova Genera* (1783); J. Scheuchzer son Agrostographie (1775), J. von Schreber ses descriptions de Graminées (1769), Speelmann, sa Flore de Strasbourg (1766). En Russie, P.-S. Pallas accomplissait ses grands voyages (1771-1776) et commençait la *Flora Rossica* (1784), tandis qu'à Madrid travaillait C.-G. de Ortega. En Angleterre, Banks et Solander revenaient avec Cook de leur grand voyage de circumnavigation, les deux Forster faisaient imprimer la Flore de l'Amérique septentrionale (1771) et la description des plantes recueillies en Australie (1776). J. Hill et R. Pultenay écrivaient quelques livres, et en 1787, Curtis fondait le *Botanical Magazine*.

En France, nous avons déjà nommé Ant.-Laur. de Jussieu. Autour de cette puissante personnalité, l'histoire nous montre:

Fusée Aublet, donnant en 1775 l'histoire des plantes de la Guyane; de Sonnerat, en 1776, son voyage à la Nouvelle-Guinée; Du Hamel Du Monceau ses grands ouvrages de dendrologie; A. Gouan, illustrant l'école de Montpellier, et Villars celle de Grenoble; Tessier, s'occupant d'agriculture; A. Parmentier, popularisant la pomme de terre et réalisant ainsi dans l'ordre le plus matériel une révolution qui coïncide singulièrement avec celle des idées. J.-E. Gilibert commence en 1781 des ouvrages d'une grande popularité; P. Bulliard et P.-J. Buchoz sont aussi d'infatigables compilateurs. Adanson vient de publier ses ouvrages singuliers. J.-J. Rousseau enfin, écrivant en 1771 ses Essais élémentaires de botanique, fait accueillir pour la première fois en France, la botanique dans le monde des lettres.

Dans les Pays-Bas, David de Görter publiait sa Flore des sept provinces (Harlem, 1781) dont l'origine remonte à ses premières herborisations avec Linné en 1735 et à laquelle E.-J. van Geuns a ajouté un complément en 1788. De Gorter cite parmi les botanistes néerlandais de cette époque le baron de Rouwenoört, le sénateur J. Deutz, W.-F. Six, le Dr Van Royen, professeur à Leyde, le Dr W. Schwencke, professeur à la Haye, Van Marum, Renk, Meerburgh, D.-F. Rainville. De la même période sont la Pomologie de J.-H. Knopp (1758-1763) et les *Icones lignorum exoticorum* du Dr H. Houttuyn (1774) à Amsterdam.

En physiologie végétale, c'est précisément de la fin du siècle dernier que datent les procédés d'observation et d'expérimentation qui fournissent à la science moderne des bases inébranlables.

A cette époque, Gleichen (1717-1783) faisait paraître ses *Observations microscopiques* (1764), et l'abbé Laz. Spallanzani (1729-1799) donnait ses *Opuscules* (1776). La physiologie végétale s'établissait sur les travaux de Charles Bonnet (1720-1793), de J. Priestley (1728-1804), de Benedict de Saussure (1730-1799), d'Ingenhouz et de Jean Sennebier. Nous retrouverons l'abbé Needham dans le sein même de l'Académie. Il suffit de citer ces noms pour qu'à l'instant on se rappelle la place que prenaient alors l'observation microscopique et l'analyse chimique.

II. — LES SCIENCES BOTANIQUES A L'ANCIENNE ACADÉMIE.

Les grandes figures de Remacle Fusch (150.-1587), Rembert Dodoens (1518-1583), Mathias de Lobel (1538-1616), Charles de l'Escluse (1526-1609), Adrien Van den Spiegel (1578-1625) s'élèvent sur l'horizon lointain de notre histoire botanique et répandent sur le seizième siècle une clarté dont l'éclat brille encore aujourd'hui. A ce même horizon, mais plus près de nous, on distingue Anselme de Boodt (1552-1632) et F. Van Sterbeeck (1630-1673).

A cette époque, la botanique flamande développe dans toute leur grandeur ses caractères particuliers d'application horticole et du sentiment artistique des formes et des couleurs. Vient ensuite une longue période de troubles et d'asservissement. Aussi, à la fin du dix-huitième siècle, trouvons-nous les sciences dans un état déplorable d'affaissement.

L'Université de Louvain, fondée en 1426, avait pendant longtemps confié l'enseignement de la botanique à l'un ou l'autre praticien de la faculté de médecine. Les noms de Guillaume Limborg (1650-1705), J.-F. Favelet (1705-1710), U. Narez (1710-1717), A.-D. Sassenus (1717-1718) et de J.-B. Van Namen (1718-1745) auxquels cet enseignement fut dévolu pendant la première moitié du dix-huitième siècle, sont sans éclat scientifique. C'est en 1738 que fut ouvert le Jardin Botanique de Louvain, le premier fondé en Belgique. La même année, Linné, traversant notre pays, d'Anvers à Mons, ne se détourne pas de son chemin pour visiter notre seule université. J.-F. Michaux (1717-1793), de Gosselies, succéda à Van Namen en 1745 et professait sans éclat au moment de la fondation de l'Académie. Il fut, en 1783, remplacé par F.-J. Märter, d'origine autrichienne,

qui publia, en 1789, les *Fundamenta botanica* où les principes
linnéens sont abrégés, sans doute en vue de ses élèves; il est
aussi l'auteur d'un beau projet de création d'un Jardin Botanique
dans notre capitale.

Les noms les plus distingués de cette époque en Belgique
sont ceux du baron de Poederlé, auteur du *Manuel de l'Arbo-
riste,* de Robert de Limbourg dont une dissertation sur l'influence
de l'air sur les feuilles fut couronnée par l'Académie de Bordeaux
en 1788 (Kickx, *in Biogr. Lejeune,* Annuaire de 1860) et du
comte Van der Stegen de Putte qui publia en 1792 le *Guide du
Naturaliste.* Nous pouvons y ajouter ceux de J.-B. Lestiboudois
qui, en 1774, donna à Lille un *Abrégé de botanique,* et
Fr.-J. Lestiboudois qui, en 1781, fit imprimer sa *Botanographie belgique.*

L'Impératrice Marie-Thérèse et son gouvernement désiraient
provoquer dans les Pays-Bas un nouvel essor des sciences et des
lettres et cherchaient à amener indirectement une réforme de
l'esprit qui pesait alors sur l'enseignement supérieur. Aussi le
comte de Cobenzl accueillit-il avec faveur le plan de création
d'une Académie de Belgique qui lui fut présenté en 1767 par le
professeur Schöpflin de Strasbourg, auquel il avait confié l'instruc-
tion de son fils. Il demanda sur ce plan l'avis de Nélis, qui était
alors chanoine de la cathédrale de Tournai. Nélis crut qu'il
fallait commencer par une *Société littéraire.* Il désigna ceux qui
pourraient la composer, et, entre autres, l'abbé Needham, en ces
termes : «Si l'on pouvait avoir M. Needham, on aurait un homme
qui a fait beaucoup de recherches dans sa vie et qui serait bien
capable de diriger celles des autres, surtout en fait de physique.»
Il avait déjà été question de ce savant plusieurs années aupara-
vant. Dans une note du comte de Neny du 14 juin 1768, sur
les projets de Schöpflin et de Nélis, on lit : « Pour ce qui concerne M. Needham, il jouit dans toute l'Europe de la juste considération que méritent ses talents, ses mœurs et ses profondes
connaissances. J'ai exposé, par un mémoire du 17 mars 1759,

qui a été remis à **S. M.**, le parti que nous espérions alors tirer de ce sujet pour l'avancement des bonnes études. Si nous pouvions encore aujourd'hui en faire l'acquisition, personne ne serait plus en état que lui de se charger de la principale direction de l'établissement qu'on médite. » Il s'était agi en 1759 d'une école de physique expérimentale qu'on voulait établir à Bruxelles. Aujourd'hui le mot est suranné, mais le projet n'aurait rien perdu de son opportunité.

Les vues du chanoine de Nélis furent admises par le comte de Cobenzl, le comte de Neny, président du Conseil privé et le prince de Kaunitz-Rittberg, chancelier de l'Impératrice (¹).

Les circonstances qui amenèrent Needham à Bruxelles sont relatées dans le document qui suit :

Note du comte de Neny, chef et président du Conseil privé.

M. Needham, membre de la Société roiale de Londres, est actuellement à Paris où il loge au séminaire anglais.

En conséquence d'un *P. S.* de Son Altesse le prince de Kaunitz-Rittberg du 29 juin dernier, je lui écrivis le 15 juillet pour lui faire part de l'idée de former ici une Société littéraire, et l'inviter à s'établir aux Païs-Bas, moiennant un canonicat de la collation de S. M.

Il me répondit, le 22, qu'il était disposé à accepter ce parti avec reconnaissance, mais qu'il avoit des engagements pour la mission d'Angleterre, dont il ne pouvoit se libérer qu'avec la permission de l'évêque de Londres, son diocésain, et en s'obligeant à y envoier quelqu'un à sa place et à ses dépens. Il m'annonça néanmoins qu'il alloit en écrire à l'évêque, et lui présenter comme son substitut, un ecclésiastique déjà connu de ce prélat; mais il me fit entendre que l'obligation de pourvoir à l'entretien de son substitut ne pouvoit pas manquer de le mettre fort à l'étroit pendant tout le temps qu'il seroit sans canonicat, ainsi que pendant les années de carence, qui ont lieu dans tous les chapitres des Païs-Bas.

Je lui répondis, le 2 août, qu'avant de porter ces circonstances à la connaissance de Sa Majesté et de demander ses ordres, il convenoit qu'il s'expliquât sur le

(¹) Voyez, relativement à la création de l'Académie, ses *Annuaires* pour 1838 et 1840 et le Registre 401 de la *Chancellerie des Pays-Bas* aux Archives générales du royaume.

montant du dédommagement annuel qu'il désiroit, jusqu'à ce qu'il fût en pleine jouissance des fruits de la prébende dont il scroit pourvu.

Par une lettre du 5, M. Needham m'informa qu'il venoit de recevoir la permission de l'évêque de Londres pour s'établir aux Païs-Bas, et y concourir aux vues du Gouvernement.

Par une lettre du 7, il me manda en réponse à la mienne du 2, que son substitut étoit sur le point d'être pourvu d'un petit bénéfice simple de la valeur de 500 livres de France par an, et que lui, Needham, s'était chargé d'y ajouter annuellement une somme de 900 livres, pour lui faire un revenu total de 1200.

Moiennant cela, si S. M. daignoit accorder à M. Needham une pension annuelle de mille florins de Brabant, jusqu'à ce qu'il soit dans la jouissance des fruits de la prébende qu'il s'agit de lui conférer, je suis persuadé qu'il en scroit également content et reconnoissant.

Il me mande par toutes ses lettres qu'il pourra venir s'établir ici vers la fin du mois de septembre, ne demandant ce délai que pour pouvoir diriger l'édition de deux nouveaux ouvrages qu'il fait imprimer actuellement à Paris, l'un intitulé : *Nouvelles recherches sur les êtres microscopiques, et sur la génération des corps organisés;* l'autre, *Nouvelles recherches physiques et métaphysiques sur la nature en général, et sur la religion.* Cet ouvrage tend à démontrer la connexion intime qu'il y a entre la religion naturelle et la révélée.

Bruxelles, le 11 août 1768.

Needham arriva à Bruxelles le 23 mars 1769 et il présida la première séance de la Société littéraire qui fut tenue chez le comte de Neny le 5 mai suivant. Il fut pourvu d'un canonicat à Termonde. On sait que l'Académie fut instituée par lettres patentes du 16 décembre 1772. Needham en demeura le directeur jusqu'en 1780. Ses mémoires, insérés dans les *Transactions philosophiques,* sa collaboration avec Buffon et Daubenton avaient entouré son nom d'une juste considération. Une vive polémique qu'il soutint contre Voltaire y avait ajouté une certaine notoriété. Ce n'est peut-être pas fortuitement que la cour d'Autriche accorda la prépondérance parmi les lettrés et les savants à l'ancien adversaire du favori de Frédéric le Grand, précisément dans cette ville de Bruxelles que Voltaire avait appelée « le séjour de l'ignorance, de la pesanteur, des ennuis et de la stupide indifférence. »

Les communications que Needham a fait imprimer dans les fastes académiques ne concernent pas notre sujet. Ses principales publications datent de 1745, 1749 et 1750. Il appliquait fort judicieusement l'emploi du microscope à la connaissance des phénomènes naturels. La plupart de ses observations concernent le règne animal. Cependant nous pouvons citer de lui une découverte, trop peu connue, d'anatomie végétale. En 1743, il reconnaît l'éruption du pollen sous l'influence de l'eau, la formation des tubes polliniques (*Nouvelles observations microscopiques* (1750), p. 71) et l'existence de granules organiques dans la fovilla. Il en déduit des conséquences fort justes relativement à la fructification végétale. Ce phénomène, encore controversé à cette époque, trouve en lui un défenseur convaincu. Il émet, en outre, sur la nature des spermatozoïdes animaux des doctrines remarquables pour l'époque, en les considérant non comme des organismes distincts, mais tels qu'on se les figure aujourd'hui sous le nom d'organites. Needham mourut le 30 décembre 1781.

L'Académie s'associa, peu après son installation, le botaniste de Necker, élu le 25 mai 1773. Natalis Joseph de Necker était déjà connu surtout par ses *Deliciae gallo-belgicae* (1768) et son *Methodus muscorum* (1771). Les *Deliciae* ont ce mérite d'être la première flore qui ait été publiée pour les Pays-Bas; elle est disposée suivant le système linnéen. Dans le *Methodus muscorum*, Necker, qui avait fait des mousses une étude de prédilection, répartit leur classe ou dynastie en trois ordres, différant par leur mode de germination. On dit ce botaniste né en Flandre en 1729, sans mieux préciser, et docteur en médecine de l'Université de Douai (¹); il habitait Manheim, avec le titre de botaniste et historiographe de l'électeur palatin. Il publia, en 1774, sa *Physiologia muscorum*, bientôt traduite en français sous le titre de *Physiologie des corps organisés*, et en 1790 ses *Ele-*

(¹) M. Du Mortier dit que Necker est né à Lille en 1730 (*Discours sur les services rendus par les Belges*, 1862, p. 27).

menta botanica dans lesquels il applique une méthode naturelle qui lui est particulière. « N.-J. Neckerus, a dit Linné (*Phil. bot.*, § 69), sola genera naturalia effinxit, 53 numero, quae juxta ad-finitatem conjuncta, graecis nominibus insignit. » Il n'a cessé de donner de nouvelles publications jusqu'à sa mort, le 10 décembre 1793, mais sans avoir eu, à notre connaissance, de rapports di-rects avec l'Académie de Bruxelles. Ce ne fut point un mal s'il faut en croire Willemet (*Magasin encyclopédique*, 2e année, (1796), t. I, p. 192), son biographe. Il le dit insociable, hypo-condriaque, irascible, mélancolique et suffisant.

Tandis que Needham et de Necker se reposaient chacun sur une réputation acquise en dehors de l'Académie, nous voyons se produire de nouveaux naturalistes.

Ceux dont les travaux se rattachèrent à la connaissance des végétaux sont :

Morand, bibliothécaire de l'Académie des sciences à Paris, nommé le 25 mai 1773;

De Launay, avocat au conseil de Brabant, élu le 14 octobre 1776;

Caels, nommé le 6 janvier 1782;

Van Bochaute, nommé le 17 octobre 1782;

D'Éverlange de Witry, chanoine de la cathédrale de Tournai, élu le 13 avril 1773;

Burtin, élu le 25 octobre 1784.

Van Bochaute a lu pendant la séance du 6 décembre 1781, un mémoire vraiment remarquable sur l'*Origine et la nature des matières organiques azotées* (27) qu'il désigne sous le nom de substance animale.

« On se propose de prouver, dit-il, que la nature la compose dans la seule économie végétale et qu'elle en passe toute formée, soit médiatement, soit immédiatement, dans les animaux pour les nourrir. » Il la signale dans les graines et dans le parenchyme des végétaux, en remarquant que le suc des plantes alimentaires en fournit plus que les autres. Cette substance est parfaitement analysée : l'acide carbonique (gaz Helmontien), l'ammoniaque, le cyanogène (principe colorant du bleu de Prusse), le phosphore, sont indiqués parmi les produits de la distillation sèche du gluten du froment.

J.-B. Beccari de Bologne avait déjà signalé la présence des matières azotées chez les végétaux. Mais cette expérience capitale de l'illustre italien, dit, avec raison, Van Bochaute, ne s'est pas attiré l'attention qu'elle méritait surtout de la part des physiologistes : « il fallait voir du moins qu'un végétal qui n'est pas nourri par des substances animales, sinon quand elles sont décomposées et détruites dans le fumier, pouvait préparer lui-même cette substance dans sa propre économie, tel, par exemple, que le froment. « Rouelle *le jeune* (Hil. Martin) chercha cette substance animale de Beccari dans d'autres plantes que le froment et il la retrouva associée à la matière verte, dans le suc exprimé des végétaux.

Les conclusions du mémoire de Van Bochaute sont irréfutables : « Telles sont les raisons qui nous ont porté à croire fermement que la matière animale est de formation végétale et qu'elle est entièrement l'ouvrage de son économie, laquelle y paraît particulièrement destinée, par la lenteur de son action et une organisation propre, à absorber les premiers éléments, le feu ou la lumière, l'air respirable, l'eau, la terre, les gaz, les sels, la matière électrique, etc., tous dans un état de division et dans leur plus grande vigueur d'attraction élective. » Il est étonnant que ces principes aient pu être posés en 1781, car ce sont les axiomes de toute la théorie actuelle de la nutrition végétale. Nous les croyions de découverte plus récente, de même que ces autres vérités :

« La matière animale est la base même de l'organisation des plantes...... Quoique infiniment variée par rapport aux diverses espèces d'animaux et de plantes, elle est néanmoins homogène dans sa constitution physique ou, pour mieux dire, dans sa composition chimique...... Les substances azotées sont les seules

actives dans l'organisme et par conséquent les autres substances
qui entrent dans la composition des végétaux ne peuvent jamais
devenir organiques si elles n'y sont déterminées par une combinaison intime avec la matière animale » (*Mém.*, t. IV, pp. 49-50).

Charles Van Bochaute (aliàs Van Bouchoute), né à Malines,
fut nommé professeur de chimie à l'Université de Louvain en
1773. Il ouvrit son cours le 9 juin de cette année par un discours
latin qui a été imprimé (voir STAES, *Wekelyks nieuws voor Loven*,
1773, pp. 29, 94, 113, 187). Pendant les troubles qui agitèrent
l'Université de Louvain sous Joseph II, Van Bochaute se montra
partisan du Gouvernement, et lors du transfert de la faculté de
médecine à Bruxelles, il s'y rendit avec quelques-uns de ses collègues et y enseigna la chimie. On lui doit une *Nouvelle nomenclature chimique tirée du grec*, publiée à Bruxelles en 1788.

Les idées de Van Bochaute sur la reproduction des êtres organisés et la continuation de leurs espèces (28) énoncées à la séance
du 6ᵉ décembre 1781 (*Mém.*, t. IV, p. 47) ne sont pas moins
remarquables. Il admet un élément matériel qui seul caractérise
l'espèce, autant varié, dit-il, qu'il y a de différentes espèces d'économie, non pas comme organisme, mais comme organisation
chimique, toujours uniforme et de même nature dans chaque
espèce, principe qui se manifeste à l'odorat et s'accumule dans les
parties destinées à la génération. Il appelle ce principe *esprit
recteur*. L'œuf et la graine, qu'il assimile complétement l'un à
l'autre, fournissent l'élément passif auquel le mâle porte la fécon-
dité, c'est-à-dire l'*esprit recteur*. Et, en dernière analyse : « la
sécrétion féminine, dit-il, prend une forme déterminée, qui est
l'œuf ou la graine qui peut, à la vérité, croître, mais dont l'organisation ne peut jamais se former en animal ou en plante de son
espèce; mais aussitôt que la sécrétion reproductive du mâle, qui
reste fluide ou sans forme, se jette sur un endroit déterminé de
l'œuf ou de la graine, où se réserve la matière reproductive de la
femelle aussi dans l'état de fluidité, il se fait dans l'instant une
combinaison dont il résulte un corpuscule concret d'une forme

organique déterminée et qui s'attache d'abord à l'œuf ou à la graine avec lequel il fait alors un corps constitué. »

On a beaucoup appris sur la procréation sexuelle depuis 1781, même chez des êtres cryptogames où elle n'était pas soupçonnée alors, et cependant il serait difficile de mieux exprimer la synthèse de ce grand phénomène.

Dans une autre communication (29), Van Bochaute signale l'existence d'une grande quantité de salpêtre dans les *Chenopodium Botrys,* L. et *ambrosioides* L., et conseille de les cultiver pour établir des nitrières végétales. C'était en 1783! et l'on voit que le besoin de la poudre commençait à se faire sentir.

Un physicien, l'abbé d'Everlange de Witry, lut à la séance du 27 juin 1773 (10), quelques considérations concernant l'influence qu'il attribue à l'électricité dans la circulation végétale. Il l'envisage comme un fluide moteur dont la tendance naturelle est d'accroître la force motrice des corps déjà en mouvement et, selon lui, ce fluide active la circulation végétale. Il explique ainsi l'influence salutaire des pluies sur le feuillage et l'action bienfaisante des ondées orageuses. Il conseille même de se servir d'eau électrisée pour mouiller les plantes de serre. Une phrase de ce mémoire, dans laquelle l'abbé d'Everlange reconnaît aux bulles d'air renfermées dans les tissus, une influence sur la circulation, peut être utilement rappelée : « L'air, moteur principal de ces machines hydrauliques (les végétaux), par sa pression sur la terre, en fait monter les sucs dans le corps des plantes, et, s'y introduisant lui-même, entretient, par son élasticité, la circulation des sucs nutritifs. » (*Mém.* t. I, p. 183.)

En dehors de ce qui précède, il reste peu de communications scientifiques à rappeler. Les idées de l'époque et de la nation s'accordaient alors pour diriger l'attention vers les applications : aussi l'agronomie, l'économie rurale et la technologie occupèrent-elles surtout les académiciens.

Morand, qui était bibliothécaire de l'Académie des sciences de Paris, signale, quelque temps après son élection, le danger de l'ingestion des racines de bryone, et des graines du genêt ordinaire (16 novembre 1774). J.-B. de Beunie soumet à l'analyse le sol de la Campine (5). L'abbé Marcy (20) discute l'emploi des engrais artificiels à la place du fumier, dans un mémoire qu'il est intéressant de lire, aujourd'hui que la même question est encore agitée. « Avec ces compositions, dit-il ironiquement, on rejette les fumiers, en concluant que c'est l'atmosphère seule qui produit et qui donne la croissance aux végétaux (p. 50). » Il a soin d'ajouter « qu'il est utile et même nécessaire de conserver la pratique des engrais tant et si longtemps qu'on n'aura pas prouvé évidemment qu'on peut s'en passer (p. 52). » Dans un autre mémoire (21) où il compare la culture de l'Ardenne avec celle des Flandres, il s'élève contre les jachères, contre les biens vagues des communes, contre le pâturage, et il préconise le partage des biens communaux et la stabulation.

Le plus fécond dans ce genre de questions est l'abbé Mann qui recherche les moyens de perfectionner la culture dans les Pays-Bas (14), discute l'utilité des grandes fermes (15), se préoccupe des moyens d'augmenter les subsistances (16), etc., (17, 18, 19).

Des observations météorologiques sont instituées dès 1783 à Bruxelles par Mann et Chevalier, et à Tournai, par l'abbé de Witry.

Questions de concours. — Dès son institution, l'Académie mit au concours la solution de certaines questions scientifiques. On en trouve sous le nom de *questions de physique* qui intéressent la botanique ou plutôt ses applications à la culture, à la médecine et à la technologie. Il semble que le programme des concours reflète mieux que tout autre document les tendances d'une société savante et même celles de l'époque et de la nation. Or, il suffit de condenser les programmes de 1771 à 1788 pour reconnaître, même dans les questions de physique végétale, chez nos pères, l'amour de la patrie et la volonté de l'indépendance. Ces grandes et nobles passions frémissent, pour ainsi dire, encore sous les plus simples paroles. Plus heureux aujourd'hui, libres et nous possédant nous-mêmes, nous pouvons nous élever vers les sphères de la science pure.

Nous avons condensé sous forme de tableau le résumé de tout ce qui concerne les concours et les mémoires couronnés.

Tableau des lauréats.

16 octobre	1771.	J.-B. DE BEUNIE.	Plantes utiles indigènes.	*Prix.*
» »	»	DU RONDEAU.	» » »	*Accessit.*
13 avril	1773.	TH.-P. CAELS.	Plantes vénéneuses indigènes.	*Prix.*
» »	»	MUNNICHUYSEN.	Destruction des chenilles.	*Prix.*
» »	»	GODART.	» » »	*Accessit.*
13 octobre	1774.	S.-F. DE COSTER.	Enclos et défrichements.	*Prix.*
» »	»	D.-R. HINCKMANN.	» » »	»
» »	»	DE LANNOY.	» » »	*Accessit.*
	1777.	FOULLÉ.	Culture des terres humides.	*Prix.*
	»	R.-P. NORTON.	» » » »	*Accessit.*
	»	ANONYME.	» » » »	*Accessit.*
12 octobre	1778.	RETZ.	Température des Pays-Bas	*Prix.*
18 octobre	1781.	VAN BAVEGHEM.	Maladie des pommes de terre.	*Prix.*
	1782.	SEGHERS.	Arbres à naturaliser.	*Prix.*
	»	BAUTS.	» » »	*Accessit.*
	1783.	F.-X. BURTIN.	Végétaux indigènes utiles.	*Prix.*
		P.-E. WAUTERS.	» » »	*Accessit.*
25 oct. (1er déc.)	1784.	VAN DEN SANDE.	Effets de l'électricité sur les plantes.	*Prix.*
15 décembre	1787.	. . . .	Destruction des hannetons.	
	1788.	J.-B. VAN DEN SANDE.	Végétaux indigènes oléagineux.	*Accessit.*
	»	ROUCEL.	*Adversaria botanica* (1).	

On voit d'un seul coup d'œil sur ce tableau quel esprit animait l'Académie, ce qu'elle voulait savoir et, par suite, ce qu'elle voulait qu'on sût.

Comment défricher les terres incultes (1774)? *Comment fertiliser les terres défrichées et les terrains humides* (1777)?

(1) Le mémoire de Roucel, en réponse à la question posée par l'Académie, en 1788, *Sur les plantes des Pays-Bas autrichiens dont il n'a été fait mention par aucun auteur,* n'a pas été publié par l'Académie. D'après M. Du Mortier, il lui aurait été décerné un accessit. Roucel l'a fait paraître, en 1792, sous ce titre : *Traité des plantes les moins fréquentes,* etc. Cet ouvrage est important en ce qui concerne les origines de la flore belge.

Quel est le climat du pays (1778)? Quelles sont nos plantes utiles à la médecine (1771)? suspectes ou vénéneuses pour l'homme et ses troupeaux (1773)? utiles aux arts ou au commerce (1783)? Quels sont les arbres qu'il faut introduire (1782)? Quels végétaux peuvent nous fournir de l'huile (1788)? Comment débarrasser nos cultures de leur vermine (1773)? et les prés des larves malfaisantes (1785)? Quelle est la cause du fléau qui dévaste les champs de pommes de terre (1781)?

Il n'est pas jusqu'à la question de l'effet de l'électricité sur les plantes (1784) qui n'ait été inspirée par le désir de favoriser la culture. En un mot, toutes questions qui se rattachent à la connaissance de la patrie : rien que de l'agronomie et de la technologie : point de science spéculative. C'est bien naturel. Il faut être sans entraves pour atteindre les sphères scientifiques, et les nations, comme chacun de nous, ne travaillent que dans les moments de liberté.

Sans analyser ici les concours dont nous nous sommes efforcé de montrer le véritable caractère et dont on peut trouver le détail dans la partie bibliographique de notre travail, nous croyons cependant devoir mentionner quelques faits remarquables. F. De Coster d'Anvers et le R. P. Hinckmann, religieux à l'abbaye de St-Hubert, furent les précurseurs du défrichement de la Campine et de l'Ardenne. En 1779, MM. les Hauts-Pointres de la Châtellenie d'Audenarde, selon les expressions de l'époque, offrirent à l'Académie un prix de 300 florins pour celui qui découvrirait la cause de la maladie des pommes de terre et trouverait le remède. On sait que dans la séance du 18 octobre 1781, ce prix fut décerné à Van Baveghem, demeurant à Baen-Rode.

Le mémoire le plus scientifique est celui de F.-X. Burtin sur les végétaux indigènes qu'on pourrait substituer dans les Pays-Bas aux végétaux exotiques relativement aux différents usages de la vie. (1781). Ce travail est bien fait sous tous les rapports, et nous y avons trouvé quelques vérités qui méritent d'être exhumées. Il signale la betterave comme susceptible de fournir beaucoup de sucre et de remplacer la canne à sucre. Il appuie cette prédiction sur les expériences de Margrave (*Opuscules,* t. 1, p. 213) qui, dit-il, a obtenu une demi-once de sucre d'une demi-livre de racine de betterave. Il préconise aussi l'emploi de la chicorée comme succédanée du café : il vante beaucoup l'emploi de l'écorce du *Salix alba* pour remplacer le quinquina et cite les nombreuses guérisons qu'il a obtenues. Il conseille d'extraire du bouleau, le sucre, le vin et le papier.

Ce mémoire de Burtin et ceux de Van Bochaute que nous avons relatés, sont les meilleures productions de l'ancienne Académie, en ce qui concerne la science végétale.

Cette institution s'était fondée et développée pendant la période de liberté de fait dont nous jouissions sous l'administration paternelle de Marie-Thérèse et de Charles de Lorraine. Elle ne se prolongea pas longtemps au delà de la mort de ses fondateurs, survenue en 1780.

Déjà en 1786, l'agitation politique commence à se manifester : la lutte se prépare entre le peuple et Joseph II; le pays se partage entre les patriotes et les Vonckistes. Ces dissentiments d'opinion pénètrent jusque dans l'Académie dont les séances deviennent rares et stériles. En 1788 paraissent les ordonnances impériales, en 1789 la révolution brabançonne éclate et le 11 janvier 1790, a lieu la proclamation à Bruxelles de l'indépendance des États-Unis de Belgique; enfin se préparent les luttes sanglantes et les invasions successives des Français et des Autrichiens en 1792, 1793 et 1794. Les membres de l'Académie se dispersèrent, Minerve allait être délaissée et le temple de Janus venait de s'ouvrir.

La dernière réunion eut lieu le 21 mai 1794.

III. — BIBLIOGRAPHIE.

1. (*Anonyme*). Desséchement des terrains humides (*Mém. cour.*, 1777).

2. Badts. — Arbres et plantes qu'on pourrait naturaliser (*en flamand*) (*Mém. cour.*, 1782).

3. Burtin. — De plantarum exoticarum succedaneis (*Mém. cour.*, 1783).

4. Caels. — De Belgii plantis qualitate (*Mém. cour.*, 1774).

5. De Beunie. — Essai chimique des terres et culture des bruyères (*Anc. Mém.*, t. II, 1780, p. 391, 442, 445, 469).

6. De Beunie. — Plantes utiles du pays (*en flamand*) (*Mém. cour.*, t. I, 1772).

7. De Coster. — Of het Gebruyk der Affluytfels, etc. (*Mém. cour.*, 1774).

8. De Launay. — Mémoire sur la pratique des enclos, etc. (*Mém. cour.*, 1775).

9. Du Rondeau. — Plantes utiles du pays (*Mém. cour.*, t. I, 1772 et 1773, suite).

10. Everlange de Witry. — Mémoire sur l'électricité, fluide moteur chez les végétaux, etc. (*Anc. Mém.*, t. I, 179, 1773).

11. Foullé. — Culture des terres humides (*Mém. cour.*, 1779).

12. Godart. — Sur la calamité causée par les vers du Hanneton (*Mém. cour.*, 1785).

13. Hinckmann. — Mémoire sur la pratique des enclos, etc. (*Mém. cour.*, 1775).

14. Mann. — Mémoire sur les moyens d'augmenter la population et de perfectionner la culture (*Anc. Mém.*, t. IV, p. 161, 1775).

15. Mann. — Mémoire sur les fermes (*Anc. Mém.*, t. IV, p. 161, Observ. de M. de Chasteler, *id.*, t. IV, 225).

16. Mann. — Dissertation sur les moyens d'augmenter les subsistances (*Anc. Mém.*, t. IV, XXI).

17. Mann. — Vue générale des progrès des sciences (*Anc. Mém.*, t. V, p. 1, 1788).

18. Mann. — Observations météorologiques (*Anc. Mém.*, t. V, 429).

19. Mann. — Destruction des Mans et des Hannetons (*Anc. Mém.*, t. V, LXIX).

20. Marci. — Utilité des engrais, etc. (*Anc. Mém.*, t. III, p. 85, 1780).

21. Marci. — Culture des Ardennes. (*Anc. Mém.*, t. V, p. 159, 1788).

22. Munichuysen. — Destruction des chenilles. (*Mém. cour.*, 1773).

23. Norton. — Culture des terres humides (*en flamand*). (*Mém. cour.*, 1777).

24. Retz. — Température des Pays-Bas. (*Mém. cour.*, 1778).

25. Seghers. — Arbres et plantes qu'on pourrait naturaliser (*en flamand*). (*Mém. cour.*, 1782).

26. Van Baveghem — Maladie des pommes de terre (*Mém. cour.*, 1781).

27. Van Bochaute. — Origine et nature de la substance animale. (*Anc. Mém.*, t. IV, 33, 1781).

28. Van Bochaute. — Essai sur la reproduction (*Anc. Mém.*, t. IV, 47, 1781).

29. Van Bochaute. — Nitrières végétales (*Anc. Mém.*, IV, 311, 1783).

30. Van den Sande. — Effets de l'électricité sur les plantes (*Mém. cour.*, 1784).

31. Van den Sande. — Végétaux indigènes propres à fournir des huiles. (*Mém. cour.*, 1788).

32. Wauters. — De quibusdam plantis Belgicis in locum exoticarum sufficiendis. (*Mém. cour.*, 1785).

II

PÉRIODE NÉERLANDAISE

(1816-1830).

————

Entre la dispersion de l'Académie en 1794 et sa restauration
en 1816, c'est-à-dire pendant une courte période de vingt-deux
années, des changements extraordinaires s'étaient accomplis dans
le domaine des sciences, du moins en botanique. Des hommes
nouveaux s'étaient élevés et des idées nouvelles avaient surgi.
Nous n'avons pas à écrire l'histoire des progrès accomplis, mais
voulant au moins rappeler l'état des esprits au moment de la
constitution du royaume des Pays-Bas, nous ne saurions le faire
plus brièvement qu'en citant quelques notoriétés scientifiques de
cette époque.

En France, Du Petit-Thouars, Bory de St-Vincent, Brisseau-
Mirbel, le comte de Cassini, F.-F. Chevallier, Chaumeton,
A.-P. de Candolle, Descourtilz, Desmazières, Dunal, Dutrochet,
Fée, J. Gay, Jaume de St-Hilaire, Ad. de Jussieu, Th. Lesti-
boudois, L'Héritier, Noisette, Palisot-Beauvois, Poiret, Poiteau,
Raffeneau-Delille, Redouté, A. de St-Hilaire, Tussac.

En Allemagne, Bischoff à Heidelberg, J.-H. Dierbach, Kunth,
Lehmann, Link, Martius, Nees ab Esenbeek, Raddi, H.-G.-L.

Reichenbach, Schlechtendal, Schkuhr, H.-A. Schrader, Sprengel, Treviranus, Wahlenberg et Wallroth.

Dans le Nord : C.-A. Agardh, Bunge, Fries, Schouw.

Au Midi : Bertoloni, W.-J. Hooker, Lagasca, Moretti, Tenore.

En Angleterre : R. Brown, A. Cunningham, Hooker, Lindley.

Aux États-Unis : Rafinesque.

Partout, Alex. de Humboldt.

Chez nous, pendant cette période, la transition s'établit entre l'ancien état des choses et notre expansion intellectuelle. Elle est marquée par l'établissement des Écoles centrales en 1796. Le comte Van der Steegen crée le premier Jardin Botanique de Bruxelles. L'enseignement des sciences naturelles lui est confié ainsi qu'à Rozin et à Dekin. Cet enseignement était fort élémentaire.

La connaissance de notre flore nationale, jusqu'alors utilitaire et technique, devient scientifique; c'est le caractère et le mérite de la botanique belge pendant la période française de s'être attachée avec une ardeur toute patriotique à la flore nationale. Roucel, qui, en 1792, avait publié le *Traité des plantes les moins fréquentes*, fait paraître en 1803 une *Flore du nord de la France* en deux volumes in-4°. Cet ouvrage concerne la végétation de l'ouest de la Belgique, c'est-à-dire la région de l'Escaut. Il fut suivi de près, en 1811, par la *Flore des environs de Spa* du Dr Lejeune à Verviers, dans laquelle est décrite la végétation de l'est de la Belgique ou la région de la Meuse, et par la *Flora bruxellensis* de J. Kickx (1812) qui concerne le centre du territoire. Ces trois ouvrages, composés avec soin, sont comme les fondements de la Flore nationale et en même temps les bases solides de la renommée de Roucel, Kickx et Lejeune. Ils ont précédé de plusieurs années la Flore française de Lamarck et de De Candolle.

Nous voyons l'étude des cryptogames abordée, pour la première fois en Belgique, par Mlle M.-A. Libert de Malmedy. Pyrame De Candolle vint en 1810 explorer la végétation de nos provinces; nos botanistes gardent le souvenir de ces herborisations, comme celui des voyages en Belgique de J. Rai en juin 1663 et de Linné en mai 1738. Elles provoquèrent la rédaction de plusieurs florules locales, notamment les catalogues des plantes du département de la Lys par S.-F. Edwards, du département des Deux-Nèthes par Dekin, et du département de l'Ourthe par Dossin (*manuscrit*). Pendant les dernières années de notre réunion à la France, parurent l'*Agrostographie* de Desmazières (1812), la Flore de Jemmapes de l'abbé Hocquart (1814) et la *Florula bruxellensis* de Dekin et Passy (1814).

La constitution du royaume des Pays-Bas est signalée par l'établissement des universités de Gand, Liége et Louvain, qui suivit de près (1817) la restauration de l'Académie. On ne peut faire remonter plus haut en Belgique l'enseignement supérieur de la botanique. Il fut inauguré par Van Breda à Gand, par Gaede à Liége, et par Adelmann à Louvain.

Pendant toute la période néerlandaise, Jean Kickx représente seul la botanique dans le sein de l'Académie. Son élection remonte au 3 mai 1817. Il avait fondé sa réputation par la publication de la *Flora bruxellensis*. Plus tard il s'occupa surtout de chimie, de minéralogie et d'histoire naturelle générale, et nous n'avons trouvé de lui dans les Annales de la Compagnie d'autre communication botanique que la mention de quelques plantes recueillies aux environs de la grotte de Han. Il est mort le 27 mars 1830.

Malgré quelques attaches avec les végétaux, on ne peut considérer comme botanistes Van Hulthem, Cornelissen, Van Mons et Vander Maelen. Blume, élu le 2 mai 1829, c'est-à-dire tout à la fin de cette période, fut un botaniste de grand mérite, mais par tous ses écrits, il appartient aux Pays-Bas. A la même époque, l'Académie s'attacha comme correspondants (associés) deux botanistes étrangers fort éminents : Bertoloni de Bologne (16 octobre 1827) et Robert Brown (7 novembre 1829).

Les publications académiques de 1816 à 1830 ne renferment pas un mot de botanique ([1]).

Sauf une seule exception, tous les concours restèrent stériles. Cette exception concerne le mémoire de Moreau de Jonnès sur la question du déboisement et ses rapports avec la météorologie. Ce mémoire attache le lecteur par le style et la méthode, il intéresse par la largeur des vues et la sévérité des analyses. Il commence par des renseignements historiques sur les forêts et leur statistique. Il établit leur influence sur la diminution de la température. Il montre comment elles augmentent l'humidité atmosphérique et les pluies dans les contrées montagneuses; comment il suffit de les détruire pour tarir les rivières; comment elles interceptent les vents et augmentent la salubrité de l'air; enfin, combien elles contribuent à conserver, à accroître et à faire naître la fertilité du sol (*Mém. cour.*, t. V, 1826).

Quelques encouragements furent distribués sur d'autres questions : ainsi, à M. Schaumans sur l'extirpation de l'orobanche (*Nouv. Mém.*, t. II, p. xvii), à M. Andoor, sur la création des vignobles (*Nouv. Mém.*, t. II, p. xlii), à N.-H. Guillery et à M. le Dr Évrard sur la classification des nectaires (*Nouv. Mém.*, t. III, p. ii-iii).

L'activité de cette période se reflète mieux dans quelques publications périodiques, telles que le *Messager des sciences et des arts*, les *Bijdragen tot de natuurkundige wetenschappen* et le *Journal d'agriculture du royaume des Pays-Bas*. On y trouve

---

([1]) C'est à peine s'il y a lieu de citer, pour être complet, un rapport de Burtin sur une notice de Drapiez concernant le *Feuillœa cordifolia* L. de la Jamaïque (*Nouv. Mém.*, t. II, 1. 4, séance du 12 avril 1817); une mention, par le secrétaire général Dewez, de la publication en 1814, par l'académicien baron de Geer, greffier de la seconde Chambre des États-Généraux à Jutfaas près d'Utrecht, d'un supplément à la flore néerlandaise de Gorter (*Nouv. Mém.*, t. II, p. l.); enfin, et ceci date déjà du 22 mai 1830, une communication, par M. Quetelet, d'une lettre dans laquelle Herschell parle d'une matière colorante qu'il a extraite de l'orseille (*Rocella tinctoria*) à laquelle il a reconnu les propriétés d'un acide faible et qu'il a nommée *acide rocellique*.

des notices de botanique pure et appliquée écrites par des savants qui arrivèrent à la réputation.

Les botanistes s'attachent encore à la flore nationale, mais avec ce progrès sur les années précédentes qu'ils abordent les questions difficiles et qu'ils s'élèvent aux travaux d'ensemble. Il se produit, en outre, un certain élan vers la science générale, qui surgit comme le signe assuré d'une prochaine émancipation.

Desmazières donne en 1823 le *Catalogue des plantes omises dans la botanographie belgique,* et le Dr Lejeune publie en 1824 son excellente *Revue de la flore de Spa,* complément de son premier ouvrage.

En 1822, M. Barthélemy Du Mortier prend place parmi les botanistes par la publication des *Commentationes botanicae.* Cinquante années ont passé depuis lors et ce savant confrère, par ses innombrables travaux, par son incessante activité et par les services éminents qu'il a rendus à la science et à la patrie pendant une féconde et heureuse carrière, est aujourd'hui le chef et l'honneur de la botanique belge : *Botanici veri ex fundamento genuino Botanicam intelligunt (Linn. Phil. bot.,* § 71).

Les *Commentationes* de 1822, recueil de diverses notices, révèlent déjà un esprit prime-sautier et patriotique. Dans cet ouvrage, les Jungermannes, qui ne formaient alors qu'un seul genre, sont divisées d'après les organes de la fructification, suivant des principes que l'auteur développa, peu d'années après, dans son *Sylloge Jungermannidearum.* Cette publication fut suivie en 1823 d'une *Monographie des Graminées,* en 1824 d'un mémoire sur les roses, et, en 1825, d'un travail sur les saules. Mais déjà l'auteur s'était engagé à publier une Flore belge, et, pour remplir cet engagement, il explorait le tapis végétal de toutes nos provinces depuis la Zélande jusqu'à l'Eifel. Riche de ses découvertes, il a fait paraître en 1827 la *Florula belgica, operis majoris Prodromus.* Pour la première fois nos plantes sont soumises aux principes de la méthode naturelle. La *Florula* mentionne

2,244 espèces de phanérogames parmi lesquelles 116 étaient inédites. C'est une riche collection d'observations.

De son côté, le Dr Lejeune travaillait avec le concours d'un jeune compatriote plein de talent, Richard Courtois, à la rédaction d'une Flore belge. Le premier volume de leur *Compendium florae belgicae*, dont la préface est datée du 1er octobre 1827, parut en 1828; les deux autres volumes suivirent en 1831 et en 1836. Ils contiennent ensemble 1799 espèces de phanérogames, dont 1736 dans le texte et 63 dans l'appendice; on y trouve, en outre, 55 espèces de cryptogames vasculaires. Le *Compendium*, disposé encore selon le système linnéen, est un modèle d'exactitude et de sage critique auquel le temps n'a rien enlevé de sa valeur.

C'est donc aux années 1827 et 1828 que remonte l'établissement de la flore nationale, du moins dans ses grandes lignes et en ce qui concerne les plantes d'organisation supérieure. Les deux savants qui eurent le mérite de fonder cet établissement, M. B. Du Mortier et Alex. Lejeune, furent bientôt appelés par l'Académie à siéger dans son sein : leur élection est respectivement du 2 mai 1829 et du 7 mai 1834.

Dans le *Prodromus* et dans le *Compendium*, la flore belge n'est point confondue avec la flore du royaume des Pays-Bas : on peut remarquer qu'elle précéda de peu l'établissement politique de la patrie. En même temps on commence à s'élever au niveau de la science générale. C'est encore un signe des temps. D'ailleurs le sol était connu en tant qu'il pouvait l'être alors et l'on abordait déjà l'étude de la cryptogamie. M. Du Mortier, plus jeune sans doute, mais non moins résolu qu'aujourd'hui, se frayait déjà une large voie sur le terrain scientifique : il préparait et publiait même d'importants ouvrages dont nous parlerons plus loin.

En résumé, pendant la période qui s'étend depuis le commencement du siècle jusqu'en 1830, la Belgique, étouffée par l'étreinte de la France, demeure inerte pendant quelques années. Puis elle se recueille et s'attache au sol de la patrie qu'elle considère avec amour aux lueurs de la vraie science. Elle renaît après 1816 et se ranime grâce à cette union qu'on lui fit contracter, union riche et bien assortie selon les convenances du monde, mais que l'incompatibilité d'humeur devait bientôt briser.

Certes il ne faut pas méconnaître combien le gouvernement des Pays-Bas a remédié à l'épuisement où nous avait laissés la domination française, et les encouragements qu'il prodigua aux savants : la Belgique en a retiré des avantages indéniables dont elle garde le reconnaissant souvenir. Mais l'esprit scientifique ne peut prendre son essor que dans les régions sereines de la liberté, et c'est une grande dignité pour les sciences de ne devenir fortes que si l'esprit est indépendant.

III

PÉRIODE NATIONALE

(1830-1871).

I. — PHYSIQUE VÉGÉTALE.

§ 1. — LES PHÉNOMÈNES PÉRIODIQUES DE LA VÉGÉTATION.

—

L'observation des principales phases de l'évolution végétale qui se renouvellent périodiquement chaque année à la suite du repos hibernal et l'étude de leurs relations avec les facteurs de la végétation, par conséquent avec le climat, constituent un des plus intéressants problèmes de la physiologie et de la géographie des plantes et même une science particulière que l'on peut nommer la *physique végétale*.

L'honorable secrétaire-perpétuel de l'Académie, M. Ad. Quetelet, s'est attaché avec une prédilection marquée et un zèle incessant à ces études qui relient le règne végétal à la physique, à la météorologie et même à l'astronomie. Il a contribué pour une très-grande part à établir la statistique de la nature. Ses travaux considérables sur les phénomènes périodiques jouissent d'une notoriété universelle, et l'Académie s'y est constamment associée.

N'ayant pas à nous occuper de la météorologie, nous pouvons négliger les anciennes observations de Chevalier, de Poederlé, Du Rondeau, Mann et de Marcy, consignées dans les *Mémoires* du XVIIIe siècle et passer sous silence celles de J. Kickx I, concernant le commencement de ce siècle et que l'on trouve dans les *Mémoires* de la période néerlandaise.

C'est en 1841, que M. Ad. Quetelet (281) a institué un système général d'observations des phénomènes périodiques de la végétation. Il a commencé en 1839 à observer la floraison des plantes dans le jardin de l'Observatoire royal de Bruxelles (282). En 1841, il a institué un système d'observations simultanées auquel se sont associés la plupart des naturalistes du pays et aussi de l'étranger (283). Il a rédigé avec la collaboration de ses collègues, notamment de M. Du Mortier (41), de Spring (296), de Charles Morren, Kickx et Martens, les instructions nécessaires pour assurer la comparaison des résultats. Ces premières instructions du 13 janvier 1842 furent renouvelées le 24 avril 1853. A cette époque, M. Quetelet signale l'utilité qu'il y aurait à pouvoir tracer les lignes *synchroniques* concernant la manifestation simultanée d'un phénomène biologique, notamment les *lignes isanthésiques* ou de floraison simultanée.

Bientôt les observations se multiplient (283) et affluent à l'Académie qui, à partir de 1841, les publie annuellement dans le Recueil de ses *Mémoires* (285). En 1849, on institue des observations à jours fixes, savoir au 21 mars, ou 21 avril et au 21 octobre. En 1852, les listes botaniques sont réduites : elles le sont encore en 1859 par l'adoption du plan combiné par MM. Quetelet et Fritsch, pour le Congrès international de statistique.

Déjà en 1846, M. Ad. Quetelet coordonne les documents recueillis pendant la première période quinquennale (1841-45) et cherche à résoudre l'importante question du mode d'action de la température sur la manifestation des phénomènes périodiques (*Sur le Climat de la Belgique*, t. Ier.

M. Quetelet (*l. c.*, p. 9) apprécie l'influence de la chaleur sur l'organisme végétal, non par la somme des températures moyennes journalières, mais par la somme de leurs carrés. Pour le végétal, il compte le nombre de jours depuis le commencement de la végétation (germination, gonflement du bourgeon, etc.), et pour la chaleur depuis le 0° thermométrique. Soit T la température et j le nombre de jours, on peut représenter la somme de chaleur nécessaire à chaque plante par la formule $j \Sigma_1^z T^2$.

Cette formule est incontestablement supérieure à celle de Réaumur et d'Adanson qui, pour déterminer la chaleur nécessaire à la manifestation d'un phénomène de la vie des plantes, additionnaient les températures moyennes de chaque jour depuis le 1er janvier. Cette méthode donne cependant des résultats assez exacts, sans doute par cette circonstance que le 1er janvier est fort rapproché du solstice d'hiver. C'est de cette dernière date que M. Fritsch et M. Cohn commencent à compter les températures efficaces. La méthode de M. Quetelet est plus exacte que la formule de Babinet, qui multipliait la somme des températures moyennes journalières par le carré du nombre de jours (Tj^2), et que celle de M. Boussingault, lequel se borne à multiplier la somme des températures moyennes journalières par le nombre de jours (Tj). Il suffit de remarquer, pour reconnaître l'erreur de ces formules, que suivant la première, 1 jour à 20° équivaudrait à 2 jours à 5°, et que, suivant la seconde, un jour à 20° aurait la même influence que 2 jours à 10° ou que 4 jours à 5°, résultats qui sont contraires à l'expérience. La méthode de M. Boussingault suppose le progrès de la végétation en rapport avec le nombre de degrés de température; dans la méthode de M. Babinet, ils seraient en rapport avec la racine carrée de ce nombre, et, suivant M. Quetelet, avec le carré du même nombre.

D'après la loi exprimée par M. Quetelet (*Sur la physique du globe*, 1861), une plante réclame un plus grand nombre de jours pour se développer sous une température uniforme que sous une température variable, dont la moyenne est égale à cette température uniforme, attendu que, d'après cette loi, les effets sont proportionnels aux carrés des températures. Ainsi, par exemple, une température uniforme de 10° pendant une journée produira moins d'effet qu'une température moyenne de 10° qui varie entre les limites de 6 et 14° : les effets seront comme 100 est à $\frac{36+196}{2} = 116$.

Cette loi de M. Quetelet appliquée aux floraisons forcées, du lilas, par exemple (287), et du *Clethra alnifolia* (289), a donné des résultats sensiblement exacts (290).

Elle nous paraît avoir été consolidée à la suite de quelques objections formulées par M. Cohn, de Breslau (298); M. Quetelet a fait observer, à cette occasion, que la plante est en quelque sorte un instrument d'intégration qui tient compte à la fois de la chaleur et du temps pendant lequel cette chaleur a été versée.

Ces diverses méthodes ne sauraient d'ailleurs être d'une rigoureuse application : en effet, la chaleur n'est pas le seul facteur de la végétation, bien qu'il faille reconnaître avec M. Quetelet que son influence semble être prépondérante. De plus, toutes les indications thermométriques ne sont pas utilisées par les plantes : il convient de ne tenir compte que de la chaleur efficace, c'est-à-dire de la chaleur qui surpasse un certain niveau calorique en dessous duquel la plante demeure inactive. M. Quetelet n'a pas méconnu la valeur de cette observation. Il s'est attaché aussi à déterminer l'influence du froid, ou, en d'autres termes, de la chaleur négative, et il a reconnu l'influence que les froids violents ou continus de l'hiver peuvent exercer sur le retard des phénomènes printaniers de la végétation, au moins chez les végétaux ligneux dont les racines restent longtemps soumises au froid qui les a atteintes (391).

Linster, de l'Observatoire russe de Pulkowa, et Ch. Fritsch, de Vienne, ont aussi contribué à élucider la théorie de cette partie de la science qu'on peut nommer la mécanique végétale (393).

§ 2. — LOIS DE L'ACCROISSEMENT VÉGÉTAL.

Par la phytomorphie les sciences botaniques se rattachent aux sciences mathématiques et à l'esthétique.

La phyllotaxie, par exemple, s'élève aux considérations élevées des sciences abstraites. Les courbes hélicoïdales qui régissent les grands mouvements du cosmos sont aussi les lois du mouvement chez les végétaux à croissance déterminée. L'origine et la direction de ce mouvement nous semblent résider dans l'organisme et particulièrement dans la division des cellules du cône de végétation, tandis que la force nécessaire pour le produire se dégage pendant la consommation de la matière organique qui accompagne tout phénomène de croissance.

Deux savants, qui ont précisément contribué beaucoup à l'établissement des lois de la phyllotaxie, MM. Bravais et Ch. Martins, ont aussi abordé le problème de l'application de l'analyse mathématique à la physiologie des plantes (330). Ils ont eu l'idée ingénieuse de représenter par des courbes l'accroissement successif d'un végétal. Pendant un voyage dans le Nord de l'Europe et en Laponie, ils ont porté leur attention sur la croissance du pin sylvestre en hauteur et en diamètre. Ils ont déduit de leurs observations que la courbe d'accroissement diamétral est une section conique. Prenant pour abscisses les années de végétation et pour ordonnées l'accroissement en diamètre, ils ont développé une courbe hyperbolique. En comparant l'allongement en hauteur avec l'accroissement diamétral au pied du tronc, ils ont constaté :

1° Que l'obliquité de l'arête externe du cône formé par le tronc reste la même pendant toute la durée de l'arbre ;

2° Que cet angle étant constant, la pousse annuelle en hauteur ne saurait l'être et devient de plus en plus petite.

Il résulte en effet de la constance de cet angle aux différents

âges de l'arbre que la courbe de la croissance en hauteur est également une hyperbole.

M. Quetelet avait constaté que la courbe de la croissance de
l'homme est précisément la même. Aussi a-t-il pu faire observer (284) avec raison combien il est remarquable que les sec-
tions coniques, qui jouent un si grand rôle en astronomie et dans
les sciences physiques en général, soient justement les premières
que l'on rencontre, en essayant de faire rentrer les sciences naturelles dans le domaine des sciences mathématiques.

II. — ANATOMIE ET PHYSIOLOGIE VÉGÉTALES.

Le mémoire de M. B.-C. Du Mortier sur la structure comparée
et le développement des animaux et des végétaux (27) doit nous
occuper en première ligne. Par une singulière coïncidence, il en
serait de même, à quelque point de vue que nous nous placions.
Ce travail, achevé en 1828, fut présenté en 1829 : divers évé-
nements en retardèrent la publication jusqu'en 1832. Il est l'un
des plus mémorables de la longue et féconde carrière de notre
savant confrère, dont toutes les œuvres commandent l'attention.

Son point de départ est l'unité de structure des animaux et
des végétaux, et il pose en règle générale la multiplication des
cellules par le cloisonnement. M. Du Mortier démontre par
l'étude des conferves que, contrairement aux idées qui régnaient
alors, la formation des nouvelles cellules s'opère à l'intérieur
des anciennes, par voie d'intersection, c'est-à-dire par la formation de cloisons médianes. Bientôt après (*Recueil d'observations*,
1835, p. 10), il élève ce principe à la hauteur d'une vérité générale et formule la *loi d'intersection* en vertu de laquelle la formation des nouvelles cellules s'opère par cloisons médianes. Ce
mode de multiplication est celui-là même qu'on désigne aujour-
d'hui sous le nom de division, cloisonnement ou segmentation.
M. Du Mortier rappelle (pp. 13, 14) que la division des phané-

rogames en monocotylées et en dicotylées avait été établie par Van Royen, avant d'être admise par de Jussieu. Il partage les végétaux en axylés ou cellulaires et en xylodés qu'il sépare en exoxylés (endogènes) et endoxylés (exogènes); il développe un ingénieux parallèle entre ces trois classes du règne végétal et les animaux asquelettés, exosquelettés et endosquelettés. Puis, partant de ce principe que l'accroissement des végétaux s'opère vers les extrémités, il pose en loi générale le développement centrifuge et l'oppose à la loi de développement centripète des animaux. Il croit pouvoir déduire de cette opposition organique la nécessité d'un mouvement de composition et de décomposition chez les animaux et l'inutilité de ce mouvement chez les végétaux. Les idées abondent dans ce mémoire. On peut en rappeler plusieurs : l'embryon végétal est un article ou mérithalle détaché naturellement de la plante qui l'a produit et ne saurait être comparé à un bourgeon lequel est constitué par plusieurs articles; les expériences pour établir (p. 41) que les poils absorbent la rosée et que l'absorption de l'humidité de l'air ne s'opère point par les stomates; la tendance des tiges à se diriger vers la lumière est indépendante de la coloration verte; enfin d'ingénieuses comparaisons entre la motilité des végétaux et les mouvements des animaux.

Formation des cellules, leurs formes et leur contenu. — Toutes les questions concernant la connaissance des cellules ont beaucoup préoccupé Ch. Morren, surtout de 1837 à 1843. De même que M. Du Mortier, il revendique la découverte de la multiplication des cellules par division (*Bull.* 1837, t. IV, p. 301) qu'il avait signalée en 1830 dans une algue nommée Crucigénie et que Hugo von Mohl a élevé, en 1835, à la hauteur d'une loi générale. Il étudia la genèse des cellules sur plusieurs mousses. Ainsi dans l'*Hypnum lucens* (195) il voit la cellule primitive d'une expansion foliaire se multiplier par la condensation du protoplasme coloré en vert et chaque conglomérat s'envelopper d'une membrane; il signale la division des cellules par cloison-

nement, la remarquable origine des papilles radicales ; l'origine
et la structure des grains verts, dans lesquels il constate le noyau
de fécule. Il assure (*l. c.*, p. 78) avoir observé la présence d'une
monadine verte (*Uvella virescens*), dans certaines cellules intactes
de l'*Hypnum*. La même division cellulaire est observée dans le
Sphagnum acutifolium (196) et dans les *Fontinalis* (197).

Ch. Morren se plaît, dans tous ses écrits, à relater l'état de l'opinion sur les sujets dont il s'occupe. Par ses nombreuses notices,
il tint la Belgique au niveau des travaux de Meyen, Mohl, Goep-
pert, Unger, Fr. Ehrenberg, Link, Dutrochet, Treviranus, etc.

En 1838, observant une hépatique (178), le *Pellïa epiphylla*
Corda (*Scopulina epiphylla*, Dmrt), il fait ressortir l'analogie de
structure de sa capsule et de ses spores avec une étamine et son
pollen ; il reconnaît la double enveloppe de chaque spore et constate la forme cylindrique dans la spiricule des cellules de l'endo-
thèque. Il s'occupe successivement de l'épaississement des cellules
dans l'albumen corné du *Phytelephas macrocarpa* (214); de la
texture cellulaire du papier d'*Aeschyomene paludosa* (217); de
la résistance des parois cellulaires à l'action physique de la gelée
(174); des formations cristallines dans certaines cellules des
Hedychium (185) et sur les poils de l'*Atropa frutescens* (175);
des raphides et des cellules étoilées chez le *Musa* (187); de la
formation des huiles dans les tissus (189) et même de la présence
du *Rotifer vulgaris* dans le *Vaucheria clavata* (177).

Circulation cellulaire. — En ce qui concerne les phénomènes
de circulation intracellulaire, le même auteur discute les idées
de Schultz qui le séduisent au point qu'il croit pouvoir attribuer
une membrane propre au réseau protoplasmatique, par exemple
dans les poils du périanthe chez le *Marica cœrulea* (188). En
décrivant le réseau laticifère et les mouvements de son contenu
dans le phoranthe du figuier (171), qui se prête facilement à ce
genre d'observations, il rappelle avec son érudition habituelle les
connaissances déjà remarquables sur la circulation végétale dont
Adrien Van den Spiegel fait preuve dans ses *Isagoges in rem*

herbariam en 1607. Schultz, lui-même, fait savoir (209) que le
plasma du latex contient toujours du caoutchouc, de la gomme,
du sucre et des sels; de plus, que la présence de l'acide gallique
dans tout le réseau du *Musa* permet de le colorer en noir en plon-
geant les tissus dans une solution d'un sel de fer. Dans deux
autres communications (166, 191) Ch. Morren établit l'existence
d'une circulation ascendante dans l'écorce, ce qui était en contra-
diction avec les idées qui régnaient alors.

Coloration des végétaux. — L'Académie s'est beaucoup
occupée de la coloration des végétaux. Le travail le plus important qu'elle a publié sur ce sujet est celui de M. J. Decaisne, en
1836, sur la garance (19). C'est une monographie complète de
cette plante tinctoriale. L'observation anatomique et les expériences physiologiques établissent, selon l'auteur, alors au début
de sa carrière et aujourd'hui au faîte d'une réputation justement
acquise, que les trois matières colorantes indiquées comme
distinctes dans la garance, l'alizarine, la purpurine et la xanthine, sont des modifications d'un seul et même principe.

Ch. Morren a observé la formation de l'indigo dans les feuilles
du *Polygonum tinctorium* (182, 193); il reconnaît que le
principe tinctorial est ordinairement dissous à l'état incolore dans
le liquide cellulaire et que sa proportion est en rapport inverse de
celle de la fécule, sans que rien établisse que l'indigo soit
influencé par la chlorophylle.

La *chlorophylle* est étudiée par Charles Morren qui décrit et
classifie les diverses formes qu'elle peut revêtir à l'état gélatineux
ou de granules (203): il reconnaît (1841) les mouvements des
granules verts dans l'*Arum maculatum.*

La panachure (*variegatio*), c'est-à-dire l'absence de matière
verte dans le feuillage, doit être, ainsi que Ch. Morren l'a établi
en 1841 (202), nettement distinguée de tout phénomène de coloration. Il constate, par de délicates dissections, qu'elle a pour symp-
tôme le séjour de l'air dans les méats, c'est-à-dire un emphysème,
et que la décoloration est plus ou moins complète selon que l'en-

vahissement de l'air est plus ou moins profond. Il classe les principaux modes de panachure du feuillage.

Nous-même, nous avons montré l'hérédité de cette affection chez un certain nombre de plantes où elle est invétérée et, de plus, localisée sur le bord des feuilles, c'est-à-dire marginale (277), comme si le bord des feuilles carpellaires la transmettait aux ovules.

Nous avons même pu établir directement sa contagion (279) par la greffe. A proprement parler, la panachure (*variegatio*) est un phénomène de pathologie végétale.

Quant aux pigments proprement dits, ils ont été étudiés par Ch. Morren dans la fleur du *Sprekelia formosissima* (211), dans l'*Agaricus epixylon* (184), et dans le raisin (216). Dans cette dernière notice, il expose une élégante anatomie de ce fruit : il signale dans les cellules sous-épicarpiennes l'existence d'un globule rouge et discoïdal qu'il compare à la prunelle de l'œil et qu'il nomme *corèze*. Un mémoire que nous avons écrit sur les différents mécanismes organiques de la coloration a provoqué d'intéressants rapports (80, 158, 304) concernant la théorie générale de la coloration. M. Martens spécialement (141), admettant que la chlorophylle est composée de deux principes, l'un bleu et l'autre jaune, susceptibles, selon lui, de se dédoubler, par exemple dans le chou rouge, distingue le rouge cyanique et le rouge xanthique et deux matières colorantes jaunes, la xanthine et la xanthéine (143).

Certaines *efflorescences* ont été étudiées par Ch. Morren. Confondues jusqu'alors (1841) sous la dénomination commune de glaucescence (*pruina*), il les distingue selon leur nature cristalline, globulinaire, utriculiforme ou épithélimorphe : les unes ont pour origine la sécrétion, tandis que d'autres proviennent de desquammation (198).

Poils. — Il signale ailleurs (170) la forme rameuse des poils du platane dont l'inspiration peut exciter l'inflammation des voies respiratoires.

Stomates. — Nous nous sommes efforcé il y a quelques années (273) de déterminer le nombre de stomates sur les feuilles d'un certain nombre de végétaux usuels, et, à cette occasion, nous avons exprimé l'opinion que la sensibilité des végétaux à l'influence délétère de certains gaz est proportionnelle au nombre de leurs stomates.

Motilité des végétaux. — Les recherches de M. B. Du Mortier sur la motilité des végétaux (Gand, 1829) et son mémoire sur la structure comparée des animaux et des plantes (27) renferment de remarquables aperçus et des expériences curieuses sur ce problème de la physiologie végétale. Il a aussi préoccupé Ch. Morren, qui, de 1836 à 1842, en a fait le sujet de ses études de prédilection. Persuadé, comme il le dit quelque part (*Bull.*, t. VIII, 1re part., p. 388, 1841), que l'avenir de la science est dans la connaissance de la structure intérieure, il dirige toute son attention sur l'observation anatomique des appareils de la motilité. Il décrit avec exactitude les phénomènes ; il expose la structure des appareils et ne hasarde guère d'explications. L'ensemble de ces études, qui ont été favorablement accueillies, est l'une des meilleures bases de la réputation de leur auteur. Nous les rappellerons brièvement.

En 1836, il élucide la cause toute physique de ce qu'on a nommé *catalepsie* du *Dracocephalum virginianum* (163) et reconnaît que chez cette labiée l'élasticité naturelle des pédoncules est contrariée par le contact des bractées et du calice. Chez le *Dracocephalum Moldavicum* (167) un effet semblable provient des rapports de forme entre le calice et les sillons de la tige. On sait que la colonne gynandrique du *Stylidium graminifolium* est articulée vers sa base et susceptible d'un mouvement spontané de va-et-vient. Quand, en 1837, Ch. Morren rechercha la structure de cet appareil (164), on expliquait le mouvement des plantes par la théorie de Dutrochet sur la motilité de la sensitive, c'est-à-dire par la turgescence des cellules situées aux articulations. Cette turgescence serait provoquée par l'endosmose. D'après le savant français, le tissu cellulaire se courberait par implétion de liquide et le tissu fibreux par implétion d'oxygène. Dans la colonne motile du *Stylidium*, Ch. Morren remarque deux filets fibreux opposés et situés aux deux faces latérales de l'articulation. Il en conclut que ces filets sont étrangers au mouvement dont le siége lui paraît être dans le cylindre central de l'articulation; il remarque, dans les cellules de ce cylindre, des granules qui se colorent en bleu au contact de l'iode. La même structure se présente dans le *Stylidium adnatum* (176) et le *Stylidium corymbosum* (168). Le style du *Goldfussia (Ruellia) anisophylla* est excitable dans sa région stigmatique (186, 194) : il peut se dresser ou se courber à plusieurs reprises. Le siége de ce mouvement réside dans les longues cellules du stigmate et spécialement dans les granules qu'elles contiennent. Quand le style est incurvé, les globules sont refoulés en haut des cellules, et quand il est droit ou recourbé, on les trouve en bas : les deux extrémités de ces longs cylindres sont dilatables. Si la turgescence, dit l'auteur, est le mode du mouvement, la question reste toujours essentielle relativement à la propriété des globules et du fluide cellulaire de changer de place par suite d'une simple excitation.

Ailleurs il observe l'androcée du *Sparmannia africana* (207) dont les mouvements sont rapides. Les étamines et les parastémones divergent et s'abaissent vers les enveloppes en s'éloignant du pistil. L'excitation sur une étamine provoque son mouvement, et l'on constate que l'excitation se transmet aux étamines voisines. Si l'on agit sur un faisceau, l'excitation se communique à tout l'androcée. Passant à la dissection, l'auteur place le siége de la motilité dans les cellules prismatiques voisines de la surface; elles renferment des gouttelettes d'apparence oléagineuse, que Ch. Morren est disposé à reconnaître comme étant le siége du mouvement par cette considération que le sang cause bien l'éréthisme de plus d'un organe. Il place dans le tissu fibreux la transmission des excitations.

Une petite orchidée de la Sierra-Leone, le *Megaclinium falcatum* (208), est intéressante par les oscillations spontanées de son labelle. En observant cette agitation, on s'aperçoit qu'il faut distinguer en elle une mobilité mécanique et une motilité organique. La première vient de l'extrême élasticité de l'attache du labellum. La seconde seule est spontanée. Elle se manifeste par des mouvements lents et intermittents séparés par un intervalle de deux à sept minutes : aucune cause excitante ne parvient à la produire et elle se continue pendant 48 heures, aussi bien le jour que la nuit. Le mouvement élastique a pour organe les cellules du derme, tandis que le tissu cellulaire central (diachyme) est le véritable tissu motile. Ce tissu est formé d'éléments cylindriques, à parois fines, très-turgescibles et remplies d'un liquide légèrement visqueux où nagent de petits globules clair-semés et mobiles. C'est, dit Ch. Morren, la turgescence de ces cellules qui fait mouvoir le filet et par conséquent le labellum : s'allongent-elles dans le haut du filet, le labellum s'incline; ce même allongement se produit-il dans le bas du filet, le labellum remonte. « Ne serait-il pas permis de croire, dit l'auteur pour conclure, que le mouvement du liquide intracellulaire qui marche d'une cellule à une autre pour les nourrir et entretenir leur vie, liquide qui sort de la fleur pour entrer dans le labellum et qui sort du labellum pour rentrer dans la fleur, est ici la cause de ce mouvement, rendu visible par l'extrême élasticité de l'organe où s'opère ce double transport? »

Dans les mémoires que nous venons de rappeler, comme dans les moindres notices sur des sujets analogues, par exemple la motilité des fleurons de Cynarées (212), l'excitabilité des feuilles d'Oxalis (190), Ch. Morren se plaît à rattacher ses observations à celles de ses devanciers. Jamais il ne laisse passer l'occasion de consigner un fait intéressant. En 1841, il voit de délicates Sensitives s'habituer au roulis d'un navire qui les portait de Gênes à Livourne (204). Le 15 mai 1836 (162) et le 28 juillet 1851 (247), il constate les effets des éclipses solaires sur la somnolence des plantes et l'émission de l'oxygène : il constate que ce phénomène est brusquement suspendu.

Appareil floral. – L'ensemble de l'appareil floral fut étudié, de 1838 à 1842, par Ch. Morren, chez quelques végétaux choisis parmi des groupes différents. Ces monographies sont à la fois littéraires, anatomiques et physiologiques. Elles concernent le *Cereus grandiflorus* (179), le *Marica cærulea* (188), le *Phyteuma spicatum* (201), les *Passiflores* (210), le *Sprekelia formosissima* (211) et le *Cereus Napoleonis* (213). Ces études sont souvent intéressantes. Ainsi chez le *Cereus grandiflorus,* ayant constaté que le style avec le stigmate mesure 23 centimètres, il conclut que les grains polliniques, dont il estime le diamètre tout au plus à $1/8$ de millimètre, doivent, pour féconder les ovules, envoyer dans l'ovaire un tube qui excède 1,150 fois leurs dimensions primitives. Il en conclut qu'il ne saurait y avoir allongement par extension, mais végétation du pollen dans le tissu conducteur. Il évalue à 250,000 le nombre de grains de pollen et à 30,000 le nombre des ovules dans une seule fleur. Il constate que le tube pollinique s'allonge en 5 minutes de plus de 5 millimètres de longueur ; que, pendant sa progression, l'extrémité de ce tube est d'abord transparente et que le fluide fovillaire opaque s'y introduit peu à peu, de sorte que ce n'est pas la marche des globules du fluide mâle qui pousse en avant la membrane du boyau et la fait allonger.

Chez le *Phyteuma spicatum,* il constate la rétractilité des poils collecteurs et montre que leur rôle est accessoire dans l'imprégnation. Chez le *Passiflora,* il attribue aux papilles (conenchyme) des parastémones l'émission du parfum, et il reconnaît une cause organique, dont le siége est au bout du filet, à l'extorsion des anthères. Diverses observations concernant les parfums des fleurs sont disséminées dans ces notices.

C'est ici le lieu de rappeler une jolie observation de Martens (126). Un *Agave americana* fleurit deux années consécutives et donna 2 à 300 rejetons munis chacun de boutons à fleurs.

Pollen et ovules du gui. — Le mémoire de M. J. Decaisne
sur le développement du pollen et de l'ovule du gui (21), que
l'Académie a publié en 1841, est une des œuvres dont elle peut
le plus s'enorgueillir en ce qui concerne la physiologie végétale.
Les principales découvertes qui s'y trouvent énoncées lui avaient
déjà été sommairement communiquées par une lettre de M. Decaisne du 22 décembre 1838 (17).

On sait que la structure de l'appareil génital du *Viscum
album* et de la plupart des Loranthacées, des Santalacées et des
Olacinées, se distingue par quelques faits tout à fait caractéris-
tiques. Dans ce mémoire et celui de Griffith sur les Loranthacées
indiennes, dont la publication eut lieu à peu près en même temps
que celle de M. Decaisne, cette structure fut sinon définitivement élucidée, au moins établie sur des bases solides.

En ce qui concerne le pollen, M. Decaisne signale la formation des utricules polliniques où l'on voit apparaître un ou deux
noyaux, ébauches des grains de pollen. Bientôt ces utricules
s'épaississent par couches successives et à cette époque elles renferment chacune quatre noyaux : alors la substance qui contribue
à leur épaississement s'interpose entre chacun des quatre noyaux
et forme autant de petites cavités distinctes. Plus tard, enfin, les
utricules polliniques disparaissent et les grains de pollen sont
libres dans les logettes de l'anthère. A la maturité, on reconnaît
aisément la présence de deux membranes à chaque grain. L'en-
dothèque des auteurs manque chez le gui. Quant aux fleurs femelles, on peut d'abord remarquer que l'ovule se forme après
l'imprégnation. Dans le principe on distingue trois ovules qui se
présentent sous la forme de corpuscules renflés au sommet et
composés d'une seule ou de plusieurs cellules. L'ovule est toujours réduit au nucelle. « Lorsque les graines à leur état de maturité renferment plus d'un embryon, ce phénomène est dû à la
soudure et au développement de l'un ou des deux ovules qui
avortent ordinairement. »

Le bois du gui est dépourvu de vaisseaux.

Tel est le résumé aussi sommaire que possible d'un travail important et mémorable.

Fructification du vanillier. — La fécondation végétale nous amène à rappeler la fructification artificielle du vanillier qui fut pratiquée par Ch. Morren, en 1836, bientôt après sa nomination de directeur du Jardin Botanique de Liége (165). Il relate, à cette occasion, qu'en 1819, Marchal importa à Java un plant de vanillier qui lui avait été donné par le Dr Sommé, directeur du Jardin Botanique d'Anvers, et le confia aux soins du professeur Reinwardt. En 1850, Ch. Morren revient sur ce sujet de la fructification du *Vanilla planifolia,* Andr., en Europe (236) et rédige une monographie du genre. Il avait d'ailleurs pratiqué la fécondation artificielle sur un grand nombre d'orchidées (*Bull.,* t. VI, 2ᵉ part., p. 382, 1839), et, parmi les produits qu'il obtint, il signale, en 1839, les fruits du *Leptodes bicolor* qui répandent un parfum de coumarine.

III. — MORPHOLOGIE ET TÉRATOLOGIE.

Les travaux concernant la morphologie normale et tératologique nous paraissent devoir être réunis. Ils sont d'ailleurs peu nombreux ou plutôt peu considérables, si l'on en excepte les observations tératologiques de Charles Morren. Nous croyons devoir les répartir ici dans un certain ordre méthodique.

Tige et bourgeons. — Dans une courte note, Ch. Morren signale la formation anomale du bois chez quelques arbres dont le tronc se trouvait comprimé.

Le même annote le développement accidentel d'un troisième tubercule sur l'*Orchis morio* et l'*Ophrys anthropophora* (173).

MM. Dewalque, en 1852 (25), et A. Wesmael, en 1862 (378), ont signalé la formation de tubercules à l'aisselle des feuilles de la pomme de terre pour démontrer la nature axile de ces productions.

Feuilles. — Ph. von Martius expose les dispositions phyllo-taxiques auxquelles peuvent être subordonnées les productions appendiculaires des palmiers (158).

Ch. Morren constate, dans un cas de spiralisme du *Valeriana officinalis,* que la formule phyllotaxique se serait élevée de $^2/_8$ à $^5/_{13}$ (244).

M. A. Wesmael signale chez quelques *Cratægus* cette parti-cularité que les nervures secondaires se dirigent vers les sinus (384).

Les ascidies normales ou tératologiques ont plusieurs fois oc-cupé l'Académie. Pour Ch. Morren (180, 264), ces remarquables appendices sont formés, comme les carpelles, par la soudure des deux bords libres du limbe foliaire. Il distingue les ascidies mono-phylles et polyphylles. Il les signale sur le *Vinca rosea,* le *Poly-gonatum multiflorum,* etc. Pour J. Kickx, elles proviendraient de l'épanouissement des nervures médianes au moins chez les *Rosa centifolia* et *gallica* où les folioles peuvent devenir ascidi-formes (71). M. J.-J. Kickx (350) admet la même opinion qui est aussi celle de Moquin-Tandon. Il a décrit une remarquable ascidie infundibuliforme observée par lui sur la face inférieure d'une feuille de *Michelia champaca,* formation analogue à celle que Ch. Morren avait notée sous le nom de scyphogénie. Ce der-nier a aussi constaté sur un *Gesnera Geroltiana* l'usurpation d'une feuille qui, par la suppression du bourgeon, était devenue terminale (243).

Inflorescences. — Une bonne observation de M. De Moor (344) sur des épis de *maïs,* présentant l'un des fleurs hermaphro-dites et des fleurs mâles, l'autre des fleurs femelles et des fleurs mâles, lui ont permis d'établir que la locuste femelle de cette graminée est normalement formée d'une fleur femelle et d'une fleur neutre. Il a donné le diagramme de cette interprétation.

M. A. Wesmael a signalé une prolification axillaire floripare de l'épi femelle du *Carex acuta.*

Fleur en général. — La structure florale d'un grand nombre de végétaux a été étudiée par Ch. Morren, surtout à l'occasion de phénomènes tératologiques.

LA TÉRATOLOGIE DE CHARLES MORREN. — L'œuvre tératologique de Ch. Morren peut ici être étudiée dans son ensemble. Il aborda ces études en 1838, d'abord avec timidité, et petit à petit l'examen des déviations morphologiques le séduisit de plus en plus; elles l'occupèrent beaucoup à la fin de sa laborieuse carrière (1850 à 1853), et sans doute il en aurait donné lui-même la synthèse, s'il n'avait été prématurément frappé. Nous croyons pouvoir résumer ce qu'il a fait et présenter, dans un ensemble, le tableau de ses opinions, sans cependant dépasser les limites d'un *Memorandum*.

Considérations générales de tératologie. — Ch. Morren considérait de fort haut la tératologie végétale. « Elle est, dit-il, (230) la science des formes qui touche de très-près à la vraie philosophie de la botanique. » Aussi l'étude des anomalies le conduit à la recherche des lois de l'esthétique phytographique (227). Il reconnaît que la beauté résulte de la symétrie, qu'il définit une disposition basée sur la régularité ou un rapport harmonique de nombre, de parties et de formes. Il fait remarquer à ce propos combien « il est remarquable de voir les familles irrégulières retourner par des structures tératologiques à leurs familles régulières, tandis que jamais on ne voit une fleur régulière réaliser la structure d'une fleur irrégulière. »

Dans sa conviction, les déviations morphologiques ont leur origine dans l'organisme dévié et ne dépendent pas des facteurs extrinsèques (249). « Les forces tératologiques, dit-il, sont inhérentes à l'être; elles procèdent de sa vie, elles se confondent avec elle et le monde ambiant est pour très-peu de chose, si tant est qu'il y soit, dans les modifications qu'on peut réellement appeler tératologiques. » Il revient plusieurs fois (255) sur cette théorie de l'autonomie tératologique.

Il fait observer que les phénomènes tératologiques sont plus rares dans l'axe que dans les appendices (249), plus fréquents dans l'androcée que dans le gynécée (226).

Il lui est arrivé souvent d'exprimer par des locutions nouvelles les phénomènes qu'il observait, et plusieurs de ces termes ont été adoptés dans le langage de la tératologie. Il convient de les réunir ici pour résumer sa doctrine.

Scyphogénie (Σκυφος, scyphus, coupe, et γενναω, engendrer) : formation d'ascidies (**229**).

Autophyllogénie ou production de feuilles par les feuilles (**229**).

Cératomanie (κερας, κερατος, cornet), métamorphose de certains organes en cornets ou capuchons nectarifères (**231**).

Speiranthie (σπειρωδης, tors, torse, et ανθος, fleur), fleur dont l'axe éprouve une torsion pendant son évolution (**237**).

Adénopétalie (αδην, αδενος, glande, πεταλον, pétale), métamorphose du nectaire en pétale (**238**).

Cenanthie (κενος, vide, et ανθος, fleur, fleur vide), atrophie complète des organes sexuels (**241**).

Mischogamie (μισκος, pédicelle, et μανια, manie), tendance à produire une exagération de pédoncules (**241**).

Phyllomorphie (φυλλον, feuille, et μορφη forme), la métamorphose des organes appendiculaires en feuilles ou au moins en organes de forme foliaire (**239**).

Coryphyllie (κορυφη, bout d'en haut, et φυλλον, feuille), présence d'une feuille absolument terminale (**243**).

Spiralisme, le développement hélicoïdal des organes (**244**).

Pélorie sygmoïde (ς sigma), pélorie incomplète ressemblant à un ς majuscule ou en forme de col de cygne (**246**).

Solénoïde (σωλην, σωληνος, tube, et αιδαιον, génitalies), transformation des étamines en tubes (**248**).

Salpiganthie (σαλπιγξ, trompette, et ανθος, fleur), transformation des ligules de composées en fleurons (**248**).

Gymnoxonie (γυμνος, nu, et αξον-ονος axe), dénudation de l'axe floral ou placenta (**249**).

Métaphérie (μεταφερω, transporter), transport d'un organe par un autre (**250**).

Rhizocollesie (ριςα, racine, et κολλα, ης, soudure), la soudure de deux végétaux par les racines (**252**).

Acheilarie (α privatif et χειλαριον, labellum), l'atrophie du labellum chez les orchidées (**254**).

Diaphérie (δια, à travers, et φερω, je porte), fusion ou pénétration d'organes (**255**).

Synandrie (συν, avec, et ανερ, ανδρος, mâle; mâles soudés), la soudure tératologique des étamines (**256**).

Apilarie (α privatif, et πιλιον, bonnet), l'absence de lèvre supérieure à la corolle labiée ou personnée (**256**).

Cheilomanie (χειλος, lèvre), la multiplication des labelles (**258**).

Calyphyonie (καλυξ, calice, et φυομαι, adhérer), l'adhérence tératologique du calice à la corolle (**259**).

Stésomie (στησομαι, s'arrêter), l'arrêt du développement (**260**).

Anthérophyllie, la phyllomorphie des anthères (**260**).

Gynophyllie (la phyllomanie des carpelles) (**268**).

Monosie (μονωσις, isolément), l'état de certains organes d'être anormalement libres d'adhérence ou de cohérence (**263**).

Adesmie (α privatif, et δεσμος, lien, sans attache), le défaut de soudure. *Adesmie homologue,* le défaut de cohérence. *Adesmie hétérologue,* le défaut d'adhérence (**263**).

Dialysie (διαλυεω, séparer), la séparation d'organes primitivement réunis (**263**).

Ch. Morren proposa en 1852 (**255**), un système de notation tératologique, applicable surtout aux métamorphoses de la fleur. Il le perfectionna à plusieurs reprises (**258, 259**).

A l'aide des renseignements qui précèdent, nous pouvons, en fort peu de mots, résumer les conclusions de ses principales observations.

Il convient de distinguer la phyllomorphie qui est l'état foliaire des organes floraux et la virescence qui est seulement la coloration en vert d'un organe lequel aurait dû être autrement coloré. L'un et l'autre sont des arrêts de développement ou stases (στασις, position fixe), comme il dit (**259, 260**). De même on peut distinguer la colorisation et la pétalisation (**262**). La connexion de plusieurs fleurs, c'est-à-dire les synanthies, ne sont pas toutes soumises à la même interprétation (**226, 227, 246, 255, 256**). Il en est de même des disjonctions entre organes floraux. Ainsi la corolle du *Pharbitis hederacea* peut devenir polypétale (Adesmie homologue corolline), et les étamines du *Cobaea scandens* peuvent se libérer de la corolle (dialysie staminale) (**263**). Parfois l'axe de la fleur semble éprouver une torsion pendant son évolution; au moins peut-on constater une profonde déviation dans les rapports ordinaires des organes appendiculaires (**227, 237**).

La régularisation de certaines fleurs d'un type irrégulier, en un mot les pélories, fournissent à la tératologie d'intéressantes déductions. Elles ont été étudiées sur les *Calcéolaires* (**226,246**) et les *Gloxinia* (**233, 268**). Nous avons eu l'occasion de signaler (**276**), à l'occasion de cette dernière plante, que certaines modifications se manifestent chez quelques plantes simultanément en plusieurs lieux et qu'elles se produisent successivement suivant une évolution toute spontanée sous l'influence du climat artificiel des cultures.

La duplication des fleurs est aussi d'une étude élégante. Selon Ch. Morren, elle n'aurait pas encore été signalée chez les ombellifères. La chorise des pétales peut provenir de dédoublement, de pétalomanie, de synanthie (**226**), de cératomanie (**231**), de diaphysie (**266**) et encore d'autres causes. Elle a été analysée chez le *Lotus corniculatus* (**230**), l'*Ulex europaeus* (**257**), l'*Orchis morio* (**258**), le *Petunia violacea* (**259**), le *Syringa vulgaris* (**267**), les *Aquilegia* (**231**), le *Narcissus* (**266**) et le *Fuchsia* (**250**).

D'autres fois, on constate une diminution dans le nombre des pièces de la corolle ou du périanthe, par exemple l'apilarie chez les Labiées (256), ou l'acheilarie chez les Orchidées (254).

Quant aux organes sexuels, Ch. Morren a étudié leur atrophie (œnanthie) dans le *Bellevalia comosa* (241), l'*Antirrhinum majus* (248), et l'*Hymenocallis americana* (245) où il constate, dans des anthères abortives, un pollen dont l'exhyménine déchirée laissait à nu l'endhyménine avec la fovilla.

Enfin, il signale dans le *Cuphea miniata* l'apparition de gros placentas dénudés de parois carpellaires et cependant chargés de graines parfaitement conformées (249).

CARPOLOGIE. — L'*Essai carpographique* de M. B.-C. Du Mortier, publié en 1835 (28), mais qui avait été présenté à l'Académie dans la séance du 3 octobre 1829, est un document intéressant au point de vue des renseignements historiques qu'on y trouve sur l'étude du fruit. Il rappelle que dès les premiers temps de la Renaissance, plusieurs grands systèmes de classification végétale ont été établis sur la considération du fruit, par exemple, ceux de Caésalpin, Morisson, Ray, etc. Il était réservé à de Jussieu d'appliquer l'étude de la fructification à l'établissement des familles naturelles et de démontrer jusqu'à l'évidence que c'est là qu'on doit chercher les meilleurs caractères pour la coordination des végétaux. M. Du Mortier soumet à une minutieuse critique toutes les formes de fruits dont la distinction avait été proposée : cette partie du mémoire est une véritable histoire de la carpologie. Lui-même propose une nouvelle répartition des fruits, dont le principe fondamental est la distinction pour chaque espèce de trois formes, simple, partible et multiple. Ce principe est d'une incontestable simplicité, mais la nomenclature nouvelle qui accompagne son application n'a pas été employée, même par son auteur.

Quelques notes moins importantes sur la morphologie du fruit viennent se grouper autour de ce mémoire. Ainsi Ch. Morren (169) s'est occupé de ces singuliers végétaux dont les fruits vont mûrir sous terre et que Bodaert (1798) a nommés *hypocarpogés*.

L'un des plus intéressants est le *Trifolium subterraneum* dont les capitules s'enfouissent après la floraison avec l'aide de certains organes rayonnés que Ch. Morren a proposé de nommer *Elcyses* (Ελχυσις, action de tirer).

M. A. Wesmael a décrit les silicules tricarpellées et triloculaires du *Draba verna* (372); il a énoncé quelques arguments en faveur de l'origine stipulaire des carpelles du *Trifolium* (382); il a publié de nouvelles preuves en faveur de l'opinion de Kunth, d'après laquelle l'utricule des *Carex* serait constitué par une seule bractée bicarénée (381); enfin la transformation des étamines en carpelles chez le *Salix capraea* (380) lui montre que le connectif seul donne naissance à la cavité ovarienne et subsidiairement que les anthères sont formées du dédoublement de chaque demi-feuille.

OVULE, GRAINE ET EMBRYON. — Les observations sont peu nombreuses, mais intéressantes sur ce sujet important.

Ch. Morren a décrit la fructification d'une broméliacée, le *Caraguata lingulata,* Lindl., et il a suivi, le premier pensons-nous, la formation de l'aigrette (*coma*) séminale fort répandue dans cette famille (224).

M. A. Wesmael, dans un recueil d'observations tératologiques, cite quelques faits qu'on peut interpréter en faveur de la nature appendiculaire du placenta (*Epilobium hypericifolium*) et des ovules (*Pisum sativum*) (383).

M. De Moor, encouragé par les savants conseils de Spring (305) et de Martens (137), a fait une minutieuse étude de l'embryon des graminées, et il en a conclu que le bouclier (*scutellum, hypoblaste, carnode*) doit être considéré comme le véritable cotylédon et que la vaginule (capuchon, coléophylle, piléole) représente la portion vaginale d'une feuille primordiale (343). Toutefois, M. De Moor n'a pas ramené à son opinion Martens, qui persistait à croire que le bouclier est un renflement de la tigelle et que la vaginule est le cotylédon, comme le voulaient Gaertner et Richard (140).

IV. — ANATOMIE ET PHYSIOLOGIE DES CRYPTOGAMES.

—

§ 1. — ALGOLOGIE GÉNÉRALE.

Les travaux de M. Ch. Morren sur les algues inférieures d'eau douce ont laissé leur trace dans la science. Le temps n'a fait que confirmer leur valeur. Il a étudié un petit nombre d'hydrophytes microscopiques au point de vue de leur structure, à une époque (1835-41) où l'étude de ces organismes inférieurs était peu avancée. Avec la collaboration de son parent, Auguste Morren, alors professeur à Angers, il a élucidé des questions de physiologie aussi importantes en elles-mêmes que par rapport à la physiologie générale, à la physique de l'atmosphère, à l'hygiène et à la nosologie. Ces travaux remplissent six mémoires. Dans le premier (160-172), Ch. Morren crée le genre Aphanizomène (αφανιϛρμενον, qui se dissipe) sur une espèce, l'*A. incurvum*, formée de filaments convervoïdes, disposée en lamelles semi–lunaires ou fusiformes et qui colore parfois des étangs entiers d'une teinte vert blanchâtre. Ce genre Aphanizomène a été définitivement rangé parmi les Nostocées : il a la priorité sur les genres *Lemnochlide* de Kutzing et *Limnanthe* Ej. Il a observé ensuite les *Closteries* ou *lunulines*, et il a ramené beaucoup de prétendues espèces au *Closterium lunula* Nitzsch. En décrivant la propagation de ces algues, il établit (1835) la distinction entre la reproduction par conjugaison et la multiplication par propagules. La première s'opère dans le tube de communication et donne naissance à une zoospore (séminule) qui se meut avant de se fixer pour germer (103).

Le deuxième mémoire (206) a pour sujet le genre *Hydrodictyon* de Roth que Morren propose d'élever au rang de tribu. Cette vue a été admise, la tribu des Hydrodictyées ayant pris place à côté des Confervacées (voy. Pfeiffer, p. 9). Étudiant en particulier l'*H. reticulatum*, il établit nettement l'individualité de chaque filament et la connexion de ces individus en colonie (*Cœnobium* de M. Rabenhorst). Il distingue (1841) le noyau de fécule des granules verts; il décrit, à la maturité, les spermacystes (♂) et les sporules (♀). Ces organismes traversent une phase de mouvement turbulent dans la cellule, puis ils se disposent en réseau où le confluent des mailles est un granule à noyau de fécule : il y aurait alors fécondation suivie de la formation d'un nouvel hydrodictyon. Chaque rayon du réseau s'individualise (fig. 20). Enfin, l'auteur confirme (p. 34) la multiplication des cellules par division, découverte par M. Du Mortier.

Le troisième mémoire contient les *Recherches sur l'oxygénation de l'eau* spécialement étudiée par Aug. Morren. Le principe de l'oxygénation de l'eau chargée d'hydrophytes sous l'influence de la lumière s'y trouve établi d'une manière indéniable. La proportion d'oxygène dans l'air dissous par l'eau s'élève de 21 à 60 %. L'eau abondait en *Chlamydomonas pulvisculus* Ehr., algue de la tribu des Volvocinées, voisine des Palmellées. On y trouvait aussi les *Conferva vesicata* Ag., et *C. Bombycina*, les *Meloseira varians* Bor., et *M. orichalcea* Bor., de la famille des Diatomacées, tous êtres dont la nature végétale semble bien établie, et, en outre, le *Monas bicolor* Ehr., et le *Disceraea purpurea* Mn., qui, avec une organisation animale et une coloration verte, semblent, selon les auteurs, se comporter comme des végétaux sous l'action solaire. Le *Monas bicolor* Ehr. est encore classé parmi les infusoires, mais le *Disceraea purpurea* semble devoir être identifié avec le *Chlamydococcus pluvialis*. Quoi qu'il en soit de cette question, l'oxygénation (p. 16) commence au point du jour, elle va en augmentant, d'abord avec lenteur, ensuite assez rapidement, et elle atteint vers 4 ou 5 heures son maximum journalier. Ce maximum dépend de l'état du ciel. Cet oxygène est livré à l'atmosphère surtout pendant la nuit. Cette série de phénomènes a lieu presque toute l'année; elle commence dans les premiers jours de mars et se continue jusqu'aux pluies d'octobre et de novembre. Un vivier de 20 pieds carrés de surface, sur 20 de profondeur, pourra, par un temps favorable et dans 24 heures, concourir à former, au moyen de l'oxygène dégagé, un volume d'air respirable égal à 1827 pieds cubes.

Le quatrième mémoire, intitulé *Recherches sur la rubéfaction des eaux*, contient une longue énumération des eaux sanguinolentes. On y trouve une liste de 42 êtres, végétaux ou animaux, auxquels on doit attribuer les colorations de l'eau et de la neige. Plusieurs sont étudiés en détail, par exemple : *Monas vinosa* Ehr., *Monas rosea* Mn., et *Euglena sanguinea* Ehr., que l'on range encore parmi les infusoires ; le *Disceraea purpurea* Mn., qui doit porter le nom de *Chlamydococcus pluvialis*, et le *Trachelomonas volvocina* Ehr., qui présente tous les caractères d'une zoospore.

Un point important dans ce mémoire est la preuve de l'identité spécifique de protistes verts ou rouges, dont le changement de couleur est un phénomène relativement secondaire.

Le cinquième mémoire concerne les *Haematococcus vesiculosus* Mn., et *mucosus*, deux hydrophytes rouges de la tribu des Palmelles et voisins des *Protococcus*.

Enfin, le sixième mémoire traite du genre *Tessararthra* d'Ehrenberg. Il l'enrichit de quatre espèces nouvelles (*T. ampullacea, fasciculata, elegans* et *crispa*), et, chose plus importante, établit sa nature végétale. Il n'y a plus de doute aujourd'hui à ce sujet. Le genre *Tessararthra* Ehr. est définitivement acquis aux Desmidiées : on le divise souvent entre les *Scenedesmus* de Meyer et les *Isthmosira* de Kutzing.

Quelques communications de M. J. Decaisne et de M. G. Thuret sur les algues marines complètent, en ce qui concerne cette vaste classe de végétaux, les travaux de Ch. Morren sur les algues d'eau douce.

Dès 1840, M. J. Decaisne transmit une note (19) sur la morphologie et la classification des Thalassiophytes, c'est-à-dire des Fucacées et des Floridées. On se rappelle qu'à cette époque nos

connaissances étaient encore loin du degré de perfection auquel
devaient les amener les découvertes de Thuret, Kutzing, Prings-
heim, etc. Peu de temps après (1841), le même savant fait part à
l'Académie, en une courte note (21), du résultat important de
ses études sur les Corallines dont il venait de démontrer la nature
végétale et qui sont aujourd'hui définitivement classées parmi les
algues hétérocarpes. En 1844, il fait connaître, avec M. Thuret,
(23), la reproduction sexuelle des *Fucus* qui sont dioïques
(*F. vesiculosus*) ou monoïques (*F. nodosus*) : leurs anthéridies
et leurs spores, avec leurs périspores et leur division en 2, 4
ou 8 sporules, sont nettement déterminées. En 1846, enfin,
M. G. Thuret (369) annonce la découverte qu'il a faite, l'année
précédente, des zoospores de beaucoup de grandes algues marines
(*Laminaria, Chordaria, Chorda, Ectocarpus*, etc.). Il signale
l'extrême exiguïté des zoospores des *Laminaria*. « Ce qui a été
décrit comme des périspores ne sont que des sporanges vides,
dit-il, et ce qu'on a pris pour des spores simples sont des amas
de zoospores qui sortent, à un moment donné, du sporange et se
répandent dans le liquide ambiant où ils s'agitent avec vivacité. »
Leurs organes locomoteurs consistent en deux cils de longueur
inégale; le plus long est inséré un peu à côté du rostre; le plus
court traîne par derrière pendant la locomotion du corpuscule et
semble, pour ainsi dire, lui servir de gouvernail..... La germination se manifeste, en général, peu de temps après l'émission des
spores. « Dans toutes les expériences que j'ai faites, dit M. G. Thuret, pour suivre ce phénomène, j'ai vu la spore, devenue immo-
bile et sphérique, émettre un seul prolongement tubuleux qui se
renfle peu à peu à son extrémité : l'endochrome se concentre dans
cette partie renflée qui acquiert bientôt un développement plus
considérable que la spore elle-même et qui paraît devoir être le
siége de la formation du nouveau thalle de la plante future. »
Suivent (*l. c.*, p. 359) d'importantes considérations sur les modifications que ces découvertes devaient et ont en effet apportées
à la classification des algues.

§ 2. — MYCOLOGIE GÉNÉRALE.

Les champignons sont en ce moment le sujet des études les plus importantes : ils attirent les investigateurs les plus sagaces. Il nous semble que la gloire de l'époque actuelle, en ce qui concerne les sciences botaniques, lui viendra des progrès accomplis, d'une part dans la physique végétale, et d'autre part dans la connaissance des champignons. Celle-ci est devenue une science si vaste, qu'un seul homme peut à peine embrasser toute la mycologie. La partie descriptive est, en effet, bien distincte de la partie biologique, quoique la première s'appuie exclusivement sur la seconde.

De grands bouleversements se sont accomplis dans les idées reçues sur les champignons : ils ont commencé avec Link, Corda, Leveillé, Cam. Montagne, Tode. Des idées nouvelles prévalent, aujourd'hui que l'on connaît les travaux de Elias Fries, Tulasne, Rabenhorst, Berkeley, de Bary, Cohn, Trécul, Hallier, H. Hoffmann, de Seynes, Millardet, Bonorden et d'autres. Elles concernent surtout les métamorphoses des champignons et le polymorphisme de leur appareil reproducteur. Nous ne disons pas l'appareil sexuel, car celui-ci est à peine entrevu.

L'Académie n'est pas restée étrangère à ce mouvement. Deux de ses membres, le Dr Spring et Eug. Coemans, ont dès l'origine associé notre pays à ce grand concert scientifique.

Spring a d'abord signalé la présence de l'*Aspergillus glaucus* Fr. sur une tumeur pathologique (299), sans toutefois vouloir établir dans cette circonstance une relation de cause à effet. Son travail sur les champignons qui se développent dans les œufs de poule (302) est beaucoup plus important et, circonstance à noter, remonte à 1852. Spring, pendant des expériences d'incubation artificielle, avait constaté à la face interne de la membrane coquillière d'un œuf de poule au dixième jour de l'incubation, l'existence d'un champignon hyphomycète, c'est-à-dire d'ordre inférieur. L'ayant fait développer près de l'eau distillée, il le vit prendre la structure d'un *Periconia* qu'il nomme provisoirement *ramosa;* sur du blanc d'œuf, il revêtit une autre forme qu'il nomma *Periconia pulverulenta*. En même temps il se développait sur le bouchon des vases d'expérience une mucédinée qu'il nomma *Aspergillus incrassatus;* sur la coque un *Aspergillus glaucoïdes* et ailleurs sur la même coque le *Sporotrichum sulphureum*. L'ayant inoculé à un œuf frais, il voit apparaître une mucorinée, *Hemiscyphe trigemina;* dans un autre œuf, ce sont les *Mucor oogenus* et *Aspergillus heterocephalus*. Enfin sur le vitellus, c'est le *Penicillium glaucum*, et celui-ci reproduisit par inoculation sur du blanc d'œuf le *Sporotrichum sulphureum* et le *Periconia pulverulenta*. En résumé, selon Spring, la même spore devient *Sporotrichum* ou un mycélium sans fructification, quand elle se développe dans l'albumine; elle produit des *Aspergillus*, *Hemiscyphe* ou *Mucor* quand elle se développe à l'air sur une base albumineuse et à une température de 35° C.; elle donne un *Penicillium* enfin quand elle végète à l'air libre sur une base albumineuse et à une température de 10 à 15° C. C'est établir, par conséquent, que ces noms, qu'il faut bien attribuer aux formes organiques pour les désigner, sont sans valeur spécifique et n'ont d'autre signification que celle d'un numéro d'ordre ou d'une étiquette; que le polymorphisme des champignons hyphomycètes, déterminé soit par les milieux, soit par des métamorphoses d'évolution, s'étend non-seulement aux organes végétatifs, mais aussi aux organes reproducteurs. C'est ainsi que Spring a pu dire avec raison, dès 1852, que chez ces champignons la mutabilité des formes s'étend non-seulement dans les limites du genre, mais dans celles de la famille et même de l'ordre : c'était, en d'autres termes, dire que les familles et les ordres étaient à remanier dans cette vaste classe. Cette théorie, établie par de nombreux observateurs, est aujourd'hui généralement admise. Spring a désigné ce phénomène sous le nom de *para-*

morphisme (307) : il exprime par ce terme nouveau la coexistence de formes dissemblables, manifestées par une même espèce sous l'influence de la diversité des circonstances extérieures. Il admet la réalité de l'espèce et il reconnaît que ses caractères morphologiques peuvent varier par héritage et par les circonstances (307).

Une autre conséquence intéressante de ce travail de Spring est la preuve expérimentale que les végétaux parasites peuvent germer dans les substances et les tissus *sains* des corps vivants et qu'ils peuvent ainsi devenir la *cause* de maladies.

Quelques années après, à l'occasion d'un rapport, Spring est revenu incidemment sur la question des mucédinées (320). Il croit avoir constaté, chez certaines d'entre elles, un acte de véritable conjugaison : deux spores, après avoir tournoyé pendant quelque temps l'une autour de l'autre, grâce à des cils vibratiles dont leur surface semble être garnie, se placent bout à bout, cessent tout mouvement et se confondent en une cellule unique qui germe en émettant des prolongements rameux.

L'abbé Eug. Coemans a publié, de 1859 à 1863, une série de mémoires sur les champignons inférieurs. Il s'est essayé d'abord sur une charmante mucorinée, le *Pilobolus crystallinus* Todde, qui avait déjà eu le privilége d'exercer beaucoup d'observateurs et qu'il avait rencontrée dans les prairies aux environs de Gand. Ce premier essai (5) fut bientôt suivi d'un mémoire, la monographie du genre *Pilobolus* (3), écrit avec beaucoup plus d'autorité. C'est à ce mémoire seulement qu'on doit recourir aujourd'hui parce que là l'auteur complète et rectifie sa première notice.

Les *Pilobolus*, observés pour la première fois en 1744, par Henry Baker, et déterminés sous leur nom actuel (πιλος, chapeau, et βαλλω, je jette) en 1784 par Todde, sont de petits hyphomycètes qui se développent sur certaines matières organiques : leur fructification s'élève en une seule nuit à la hauteur de 6 à 7 millimètres : elle consiste en un petit sporange qui, sous l'influence des rayons solaires, se trouve être projeté le matin à une hauteur

relativement considérable. L'espèce la plus intéressante est le
Pilobolus crystallinus qui doit son nom aux gouttelettes éclatantes dont elle est toute diaprée. Ses sporanges sont de couleur
noire violacée. Vers neuf heures du matin, ils sont projetés à
une élévation qui peut atteindre 1 mètre 5 centimètres : cette
projection est accompagnée d'une détonation très-perceptible.
Ses spores mesurent un, deux ou trois centièmes de millimètre :
ils consistent en une enveloppe de cellulose (épispore) et un
utricule primordial (endospore) circonscrivant un peu de protoplasme. Lors de la germination, le protoplasme semble se
résoudre et servir à la nutrition de l'épispore : celle-ci s'allonge
par un ou deux filaments qui bientôt se ramifient et ainsi se
forme le mycélium. Quand cet appareil est adulte, il produit
quelques filaments dressés, plus gros que les autres qui se renflent
au sommet en une vésicule où s'accumule un protoplasme jaunâtre. Une véritable cloison isole bientôt cette cellule fructifère;
elle s'allonge par le sommet pour former le pédicelle; celui-ci se
renfle en massue à l'extrémité supérieure : le protoplasme de la
cellule fructifère est poussé dans ce renflement qui bientôt se
sépare en deux cellules, l'une inférieure, qu'on appelle cupule,
et l'autre supérieure qui devient un sporange. Le sporange consiste en une cellule à parois doubles : l'extérieure est bientôt
imprégnée, autour du pôle supérieur, d'un pigment violet-noir
disposé parfois suivant une texture alvéolaire; elle est simple et
diaphane dans la région de l'équateur cellulaire; enfin, vers le
pôle inférieur en contact avec la cupule, elle est convexe et
développée en columelle. La paroi interne est un utricule primordial (sporochlamyde). Ce sporange renferme des spores simples, que Cohn évalue être au nombre de 15 à 30,000. Coemans
explique sa projection par l'implétion endosmotique et par la
contractilité cellulaire de l'urne sous l'influence de la lumière.
Les spores se forment par génération libre en vertu de la division du protoplasme ; plus tard elles s'isolent et se revêtent de
l'épispore (membrane cellulaire).

Une foule d'observations incidentes, dont nous ne méconnaissons ni l'intérêt, ni l'importance, accompagnent le détail de cette évolution organique dont nous avons retracé les traits principaux. Le mémoire est terminé par une partie descriptive qui traite des *P. crystallinus* Todd, *œdipus* Mont., *roridus* Pers., *lentigerus* et *anomalus*.

Mais en 1863, Coemans revint encore sur les *Pilobolus* (7) en étudiant spécialement *P. œdipus* de Montagne, pour montrer l'extrême variété des moyens de multiplication dont ces infimes moisissures sont douées. Il lui reconnaît six appareils reproducteurs, savoir : deux formes de sporanges, deux espèces de chlamydospores et deux états de conidies. Ce polymorphisme est vraiment extraordinaire. Il ajoute dans cette notice que le genre *Pilobolus* ne renferme que deux espèces bien caractérisées, les *P. crystallinus* et *P. œdipus*, et encore admet-il entre elles une forme qu'il nomme intermédiaire. Dans cette même note, il étudie le *Rhizopus nigricans* au même point de vue.

Il établit à la même époque deux nouveaux genres d'Hyphomycètes de la famille des Mucorinées, savoir le *Mortierella polycephala* et le *Martensella pectinata* (8). Enfin il constate l'existence de conidies chez les agaricinées (9) où leur présence était encore douteuse. Il les observe dans les *Coprinus ephemerus, radians, stercoreus*, ainsi que chez l'*Agaricus disseminatus*. Ces conidies sont de deux sortes, les unes, petites et lisses, naissant sur le mycélium, les autres, grandes et verruqueuses, se développant sur les parties aériennes, volva, stipe et chapeau : ce sont en résumé des microconidies et des macroconidies.

Un autre travail de E. Coemans concerne la métamorphose des *Sclerotium varium, compactum* et autres en *Peziza sclerotiorum* (6); il tend ainsi à confirmer et à étendre les découvertes de Leveillé (1843) et de Tulasne (1853), découvertes qui ont établi chez beaucoup de champignons des métamorphoses que l'on a pu comparer avec raison à celles des insectes. L'ergot du seigle en fournit un des plus intéressants exemples : il passe par un état nématoïde (*Sphacelia segetum* Lev.) qui représente assez bien la larve; puis par l'état sclérotique (*Sclerotium Clavus* D.C.) qui rappelle l'état de nymphe et par l'état sphaerioïde (*Claviceps purpurea* Tul., *Sphaeria purpurea* Fr.), qui correspond au dernier terme de l'évolution. Seulement les champignons l'emportent sur les insectes en ce que leurs formes transitoires sont pourvues d'organes de reproduction. Ainsi Coemans a constaté des stylospores chez le *Sclerotium varium* et probablement même des spermogonies.

Cette question a précisément été exposée à l'Académie, au point de vue général et historique, par notre ami M. le professeur Münter à Greisswald, qui a fait voir que tous les *Sclerotium* sont des mycéliums persistants de *Claviceps, Agaricus, Typhula, Sphaeria,* etc. M. Münter, en signalant le développement d'un *Sclerotium* en *Peziza,* envisage aussi la question au point de vue de la digenèse propre aux mycètes et rappelle les observations de Kuhn qui ont prouvé qu'une même espèce de Claviceps produit des basidiospores et des thécaspores et qu'entre les deux se place l'état de *Sclerotium.*

<h3 style="text-align:center">§ 3. — CRYPTOGAMES SUPÉRIEURS.</h3>

En 1837, Martens (123) a signalé l'apparition au Jardin Botanique de Gand d'une fougère hybride (*Gymnogramme hybrida*) entre les *G. chrysophylla* Sp. et le *G. calomenalos* Kaulf. Kickx, confirmant cette observation, signale (51) une autre fougère hybride, développée spontanément sur un mur à Schaerbeek, près de Bruxelles, entre les *Asplenium ruta-muraria* et *germanicum.* On était encore loin à cette époque de pouvoir expliquer l'origine des hybrides chez ces cryptogames, mais cette observation établissait jusqu'à un certain point la théorie de la sexualité des fougères qui fut découverte en 1848 par le comte Leszcyc-Suminski.

Les fougères récoltées au Mexique par H. Galeotti ont été décrites par Martens et par lui en 1842 (127).

Les travaux de Spring sur les *Lycopodium* et les *Selaginella* ont une importance capitale. Ils ont établi l'autorité de leur auteur sur ces végétaux que leur structure place aux frontières de la cryptogamie et de la gymnospermie. Ils s'étendent à la morphologie et concernent surtout la taxinomie. Spring avait déjà publié diverses recherches sur les Lycopodiacées (¹) quand il rédigea pour l'Académie de Belgique la monographie de cette famille commencée en 1841 et continuée en 1847 (295, 297, 298). Il peut être cité comme un modèle de méthode et de clarté. La création du genre *Selaginella* donne aux travaux de Spring une valeur impérissable. D'autres savants, Hoffmeister, Alex. Braun, de Bary, W. Pfeffer, ont pu ajouter à nos connaissances sur les *Selaginella* depuis les dernières publications de Spring qui remontent déjà à vingt années. Mais notre regretté confrère n'avait pas perdu de vue ses plantes favorites et il espérait mettre en œuvre les matériaux et les connaissances qu'il avait réunis.

A mesure que l'on connaît mieux les *Lycopodium*, on les rapproche davantage des Fougères, tandis que les *Selaginella*, naguère confondus avec elles, marchent vers les Rhizocarpées. Cette région du règne végétal réclame encore des observations morphologiques. C'est précisément vers ce but que tend une notice de M. J.-J. Kickx, sur l'organe reproducteur du *Psilotum triquetrum* (352), singulière Lycopodiacée qui pousse dans nos serres chaudes, indépendamment de toute culture. M. Kickx a constaté que les cellules sphériques qui occupent le milieu du sporange sont fertiles chez le *Psilotum* comme chez les fougères. Il a reconnu que chacune de ces cellules engendre directement, par division du noyau, quatre spores, sans l'intermédiaire de cellules filles. Il a établi des affinités nouvelles entre les Lycopodiacées et les Ptéridées. Coemans, auquel ses études paléontologiques donnaient de l'autorité en pareille matière, approuvait (15) les conclusions de M. Kickx.

(¹) *Beytraye zur Kentniss der Lycopoden* (FLORA, 1858, t. I, pp. 145, 224. — *Lycopodineae*, dans le FLORA BRASILIENSIS. — *Matériaux pour servir à la connaissance des Lycopodiacées* (ANN. DES SC. NAT., t. II, p. 218; 1859).

Il nous reste à signaler, pour compléter la liste des matériaux réunis par l'Académie sur les cryptogames supérieurs, les notices de M. Fr. Crépin sur les plantes rares de la Belgique, spécialement celles où il est question des *Isoëtes* et des *Salvinia* qui ont été trouvés dans notre pays.

V. — BOTANIQUE DESCRIPTIVE ET GÉOGRAPHIE DES PLANTES.

§ 1. — TAXINOMIE.

Nous avons cru devoir reporter à cette place la mention que nous avions à faire de l'*Analyse des familles des plantes* de M. Du Mortier, bien que cet ouvrage ait été imprimé en 1829. Nous y avons d'ailleurs fait allusion à la fin de la période néerlandaise. Ce livre, très-apprécié des botanistes, est cependant peu connu de ceux qui cherchent un guide dans la détermination des familles végétales. Il a l'avantage de définir chacun de ces groupes naturels, en une seule ligne, par des caractères tirés de l'organisation florale, à l'exclusion des caractères embryonnaires, sujets à beaucoup d'exceptions et d'une observation difficile. L'ouvrage est coordonné sur un système de classification propre à l'auteur. Il a eu deux éditions, 1829 et 1840.

M. Du Mortier est revenu sur ce terrain élevé, où le règne végétal est embrassé dans son ensemble, dans les discours prononcés aux assemblées générales de la Société de Botanique : discours sur les progrès de la classification des plantes jusqu'à A.-L. de Jussieu (1863); discours sur la marche de la classification générale des plantes depuis Jussieu (1864); discours sur la théorie de la classification des plantes (1865). Ces communications, d'une grande hauteur de vue, abondent en vérités neuves.

§ 2. — VOYAGES SCIENTIFIQUES.

Dans les premières années de notre existence nationale, le Gouvernement encouragea plusieurs voyages d'exploration scientifique auxquels l'Académie prêta son concours [1]. Le 20 décembre 1835, Linden, Giesbrecht, Funck et Jaquet débarquent à Rio-Janeiro (*Bull.*, 1836, t. II, p. 199) et annoncent qu'ils continueront leur voyage dans les provinces de Minas-Geraës et Matto-Grosso. En 1837, Linden et Giesbrecht annoncent l'envoi de plusieurs caisses d'objets d'histoire naturelle (*Bull.*, 1837, p. 414), et bientôt après (*Bull.*, 1838, p. 380), ils prient l'Académie de leur proposer des sujets de recherches dans l'exploration qu'ils préparent à Cuba, sur les côtes du Honduras, le Guatémala, etc.: une autre lettre est datée de la Havane, 4 décembre 1838 (*Bull.*, 1838, p. 42). En 1841, MM. Funck et Linden adressent une description du Yucatan (*Bull.*, 1841, p. 146). M. B. Du Mortier, qui intervenait fort activement dans tout ce qui concernait les explorations dont il savait apprécier les nombreux avantages, communique successivement à l'Académie une lettre de N. Bové, de Mullenbach (Luxembourg) qui offre ses services pour un voyage en Algérie, dans le Grand-Atlas et le désert de Sahara (*Bull.*, 1838, p. 45); une lettre de MM. Mouatte et Greube écrite de Ste-Marie de Madagascar, le 14 juin 1839 (*Bull.*, 1839, p. 447), et enfin des Notes géologiques sur la province de Minas-Geraës au Brésil, par F. Claussen.

Les communications de H. Galeotti furent les plus nombreuses et présentèrent le meilleur intérêt scientifique : il voyagea au Mexique de 1835 (*Bull.*, 1837, p. 414) à 1840 et il envoya en Belgique un grand nombre de notices et de matériaux scientifiques. Il reçut, en 1841, le titre de correspondant de l'Académie, comme une juste récompense de son zèle. Il avait dirigé une at-

---

[1] *Voy.* Éd. Morren, *Les plantes de serre*, p. 61, etc. Paris, 1867.

tention particulière sur les Cactées qui dominent dans la flore
mexicaine et qu'il récolta en grand nombre dans les provinces de
Potosi et de Guanaxato : elles furent décrites par J. Scheidweiler
(365) en 1838 et 1839. Les autres familles de son herbier furent
traitées par lui-même en collaboration avec Martens (129). Il
convient de mentionner, à cause du nombre d'espèces nouvelles,
les Vacciniées, les Éricacées, les Gesnéracées, les Lobéliacées,
les Commélynacées, les Mélanthiacées, les Liliacées, les Smilaci-
nées, les Dioscorinées, les Graminées, les Cypéracées, etc., etc.,
et surtout les Fougères. Celles-ci, qui abondent au Mexique,
donnèrent lieu, en 1842, à un important mémoire (127) de Martens et Galeotti. Il comprend la description de 160 espèces en-
viron et il est terminé par d'intéressantes considérations sur la
végétation du Mexique.

Les découvertes de M. Linden et de ses compagnons de voyage
ont encore valu à l'Académie plusieurs autres descriptions de
plantes nouvelles. En 1838, J. Kickx (58) donne le nom d'*Aristolochia glandulosa* à une espèce introduite de l'île de Cuba en
1838 et qui venait de fleurir au Jardin Botanique de l'Université de Gand, espèce qui est maintenue dans la nouvelle monographie des Aristoloches, rédigée par P. Duchartre dans le Pro-
drome (t. XV, p. 452). Le même botaniste fait connaitre (57)
deux nouvelles Scrophulariées, l'*Angelonia pilosella* et l'*Angelonia Leandri* du Brésil (Père Leandro de Sacramento). Enfin,
en 1853, MM. Linden et Planchon, dans les *Preludia florae
Colombianae* (358) décrivent les *Zanthoxylon melanocantha* et
camphoratum, le *Naudina amabilis* et spécialement l'*Erythro-
chiton hypophyllanthus* si singulier par l'insertion des fleurs
sur le revers des feuilles : cette hypophyllantie s'expliquerait par
la soudure d'un pédoncule floral, provenant d'une feuille inférieure, successivement avec la tige et avec une feuille supérieure.

De même, le voyage de M. L. Van Houtte au Brésil a fourni
à M. Du Mortier deux nouveaux *Gesnera* (33) et à Ch. Morren
le *Malaxis Parthoni* Crts. (181). Le séjour de Ch. Pinel dans

les mêmes régions a été moins fructueux au point de vue scientifique (303).

Mais on voit par ces quelques souvenirs combien les voyages de naturalistes belges dans les régions tropicales, voyages auxquels le Gouvernement accordait alors son concours, ont été utiles et ont laissé d'impérissables souvenirs. Encore ne les avons-nous ici à considérer qu'au seul point de vue des sciences botaniques dans leurs rapports avec l'Académie. Il est à regretter que depuis de longues années aucune nouvelle expédition scientifique n'ait plus été entreprise et il nous semble que le moment est venu d'accueillir les dévouements qui pourraient se présenter.

§ 3. — DESCRIPTIONS ET FIGURES.

A l'époque dont nous venons de parler, c'est-à-dire de 1835 à 1845, l'Académie a publié quelques travaux de botanique descriptive. Ainsi notamment les *Observations sur la flore du Japon* par M. J. Decaisne et Ch. Morren (17, 161); et la description de quelques espèces nouvelles recueillies dans les États du Missouri et de l'Illinois, par Martens (124). En outre, des notes de Lejeune sur un *Oxalis zonata* (118) qui est, en réalité, l'*Oxalis Deppei* Lodd.; de J. Kickx qui érige le *Chamaerops humilis* L. β *arborescens* des serres en espèce, le *Ch. conduplicata* (53); de G. Westendorp, sur un *Epilobium* qu'il nomme *canescens*, alors que cette même qualification avait déjà été appliquée par Endlicher à une espèce rapportée de la Nouvelle-Hollande par le baron Hugel (385); de M. Du Mortier sur une orchidée (*Maelenia paradoxa*) (30) qui n'était en réalité qu'une monstrueuse déformation du *Cattleya Forbesi* Lindl. (*Bull.*, 1852, t. I, p. 260). Enfin, des observations du même botaniste sur les affinités des *Dionaea* (37) et un mémoire plutôt littéraire et horticole que taxinomique de D. Spae sur le genre *Lilium* (367).

C'est peu et nous serions confus de cette pauvreté si elle était

l'indice de la paresse ou du dédain pour la botanique descriptive.
Il en est tout autrement. Si les explorations scientifiques, avec
patronage du Gouvernement, ont été suspendues, elles ont con-
tinué sous l'impulsion de notre horticulture puissante et renommée. De même, si l'iconographie et la description des plantes
nouvelles ont cessé depuis vingt-cinq années d'être publiées aux
frais de l'Académie, c'est que des recueils spéciaux, qui jouissent
d'une juste notoriété, ont été fondés dans ce but. Ces recueils,
qui manquaient jadis, ont été rédigés par R. Courtois, Van Geel,
Drapiez, Ch. Morren, Galeotti, Scheidweiler, Van Houtte, Planchon, Ch. Lemaire, J. Linden et nous-même. Mais nous n'avons
pas à en parler ici, non plus que d'un grand nombre de livres
concernant la flore horticole et agricole.

VI. — FLORE NATIONALE.

§ 1. — PHANÉROGAMIE.

Nous avons signalé, dans les deux premières parties de ce travail, les origines de la flore belge. Ses plus anciennes attaches
remontent au chanoine de Saint-Paul, à Liége, Remacle Fusch,
qui vivait dans la première moitié du seizième siècle. Dodoens
et ses contemporains étudièrent la végétation avec passion et
sans doute avec le sens botanique, mais sans méthode et par
pur intérêt de curiosité ou de médecine. Après cette glorieuse
époque, les sciences furent longtemps délaissées. A la fin du
dix-huitième siècle, les recherches technologiques et agricoles
revinrent en faveur : le chevalier de Burtin, le baron de Poederlé et le comte Vander Stegen de Putte personnifient cette
période. Sous l'empire français, Roucel, Lejeune et J. Kickx (Ier)
explorent respectivement l'ouest, l'est et le centre du pays et
chacun d'eux publie une flore. Pendant la réunion de la Belgique avec la Hollande, Lejeune avec Courtois, et M. Du Mortier,

se livrent à des travaux d'ensemble s'étendant à tout le royaume. Nous avons ainsi quatre périodes qui semblent bien établies.

Pendant la période actuelle l'étude de la végétation phanéro-gamique s'est d'abord étendue, puis elle s'est popularisée et elle a été complétée : en outre, les recherches cryptogamiques ont été entreprises. Peu après 1830, le *Compendium* fut achevé; quelques herbiers ou *Exsiccata*, utiles compléments des écrits didactiques, furent mis au jour, notamment par Courtois. Vinrent ensuite les flores du Luxembourg, par Tinant (1836); d'Anvers par Van Haesendonck (1841); du Hainaut, par l'abbé Michot (1845).

Nous arrivons ainsi à la flore belge du Dr Hannon, publiée en 1849 et 1850, ouvrage très-répandu, tout pénétré du sentiment national et qui a contribué à augmenter le nombre des adeptes de la botanique. La *Flore de Namur*, par notre savant confrère M. l'abbé Bellynck, parut en 1855 : elle est écrite sur des observations nombreuses et propres à l'auteur, et la première en Belgique, selon le procédé dichotomique. En 1860, parut le *Manuel de la flore de Belgique*, par M. F. Crépin, disposé, en vue de la détermination, sous forme de vade-mecum d'herborisation. Une deuxième édition de cet ouvrage, très-répandu parmi les floristes, a paru en 1866.

L'augmentation du nombre des botanistes, leur zèle scientifique, la facilité des communications, le bien-être du pays et l'esprit de confraternité, amenèrent, le 1er juin 1862, la fondation de la Société royale de Botanique qui, d'un accord unanime, plaça ses destinées sous l'égide du fondateur de la flore belgique, M. B. Du Mortier. Son but est spécialement la connaissance complète de la flore nationale : déjà elle a réuni beaucoup de matériaux. Nous voudrions en parler si nous avions à écrire l'histoire de la botanique en Belgique, mais notre mission est plus restreinte. D'ailleurs, les botanistes qui ont pris la plus grande part à l'étude de notre flore ont, en général, communiqué aussi des recherches à l'Académie.

Lejeune, en 1851 (116), propose quelques nouveaux *Nasturtium* qu'il convient d'ajouter à notre végétation indigène ; en 1855, il signale (117) la confusion sous le nom d'*Orchis bifolia* L. de trois formes, distinguées spécifiquement par Richard père, savoir : les *Platanthera bifolia* Rich., *P. chlorantha* Curt. et *P. brachyglossa* Wallr. Cette dernière forme n'est pas encore admise comme espèce par nos floristes. En 1858, il mentionne (119) les *Senecio vernalis* β *glabratus* et *S. Jacquinianus* Reich. aux bords de la Vesdre. R. Courtois (531), se fondant sur l'observation des bractées et du fruit, trouve dix espèces dans le *Tilia europaea* de Linné.

J. Kickx, qui avait publié en 1835 la *Relation d'une promenade botanique en Campine*, énumère, en 1837, les plantes les plus remarquables qui croissent aux environs de Nieuport (50) et dont il a eu connaissance soit par ses propres herborisations, soit par les herbiers de Rouzée, Amare et Van Hoorebeke. En terminant il signale un fait remarquable de géographie botanique : c'est l'analogie de la végétation sur notre littoral et sur la côte des Asturies, aux environs de Gison, près du cap Penas.

De M. B. Du Mortier, nous trouvons une note sur le genre Adoxa (34) ; nous aurions pu en parler dans le chapitre que nous avons consacré à la botanique descriptive générale. Il discute la place que doit occuper ce genre *Adoxa* parmi les familles végétales, et, s'appuyant sur ses analogies avec les *Sambucus*, il se range à l'opinion de Gaertner et forme la tribu des Adoxinées parmi les Caprifoliacées.

Des communications de M. De Moor (345) et de M. l'abbé Strail (368) sur le *Bromus arduennensis* DMrt. (*Michelaria bromoides* DMrt.) ont provoqué de sérieuses discussions sur cette plante intéressante qui semble appartenir en propre au sol belge. On sait que M. De Moor a publié, en 1854, un traité des Graminées que l'on rencontre en Belgique.

M. Bommer, auteur d'une Flore analytique, signale le *Gagea spathacea* au bois de la Cambre (328).

M. A. Wesmael qui, dans la voie ouverte par le baron de Poederlé, s'adonne volontiers à l'étude des végétaux ligneux (voir les *Bull. de la Fédération des Soc. d'hort. de Belgique*), s'est occupé aussi de remarquables hybrides du genre *Cirsium* (371, 373, 374, 379) et parmi les Renoncules. Il a signalé le *Potamogeton plantagineus* (375).

M. Fr. Crépin a, dès l'année 1853, discuté les variations et les hybrides des *Mentha arvensis* et *aquatica* (333) et aussi des *Galeopsis ladanum* et *ochroleuca*. Puis, à partir de 1859, il a communiqué successivement de nombreuses observations sur les plantes rares et critiques de la Belgique, notamment sur les cryptogames supérieurs tels que : *Marsilea, Salvinia, Isoëtes*, etc., et sur la végétation des Ardennes. A l'occasion d'une de ces communications, Spring a pu dire fort spirituellement (102) : « Faut-il beaucoup d'espèces ou peu? Faut-il s'en
» tenir encore au *Systema naturae* complété et perfectionné, »
» système aristocratique, dit-on, et par conséquent ennemi du
» progrès, « ou faut-il abattre ce système pour établir l'égalité
» des droits en faveur des petits et des misérables qui avaient
» été injustement délaissés jusqu'à présent? Voilà la question
» presque sentimentale qu'on pose. » La réponse de Spring est clairement exprimée dans les termes mêmes de la question et nous sommes trop de son avis pour ne pas juger utile de le déclarer ici.

En publiant sa *Florula belgica*, M. Du Mortier inscrivit en tête de cette œuvre : *Operis majoris Prodromus :* la faveur du sort et un travail incessant vont lui permettre de réaliser bientôt le vœu de sa jeunesse par la publication d'une Flore de la Belgique.

§ 2. — CRYPTOGAMIE.

C'est précisément à l'origine de notre existence nationale que remontent les premières recherches scientifiques sur les cryptogames de la flore belgique.

Mlle Marie-Anne Libert, de Malmédy, commença en 1830 la publication de ses *Plantae cryptogamicae quas in Arduenna collegit*, et M. B. Du Mortier donna en 1831 son mémorable *Sylloge Jungermannidearum Europae indigenarum*, bientôt suivi (1835) de son *Recueil d'observations sur les Jungermanniacées*. La *Flore cryptogamique des environs de Louvain*, publiée en 1835 (Bruxelles, 1 vol. in-12 de 266 pages et 24 pages de tables), est le premier travail d'ensemble sur une étude si longue et si difficile, qu'aujourd'hui même elle est encore loin d'être achevée. Ce volume est le point de départ de toutes les études ultérieures : il est remarquable par la clarté et la simplicité de la méthode, qui sont le caractère du vrai mérite. On y trouve la proposition de deux genres nouveaux, le *Stormesia* (p. 10) parmi les Fougères, fondé sur l'*Acrostichum septentrionale* de Linné (*Asplenium bifurcum* Desmaz) et le *Papillaria* (p. 104) parmi les Lichens, détaché des *Cladonia*, pour le *Cladonia papillaria* Hoffm.

Par droit de priorité, par la spécialité de ses travaux, leur nombre et leur mérite, par l'influence qu'il exerça sur ses contemporains et sur ses disciples, J. Kickx peut être considéré comme le fondateur de la flore cryptogamique en Belgique. Lui-même a publié les titres et les mérites de son précurseur dans nos fastes nationales, François Van Sterbeeck, l'auteur du *Theatrum fungorum* de 1675, dont il a donné la concordance (61). Pendant tout le temps qu'il a siégé à l'Académie (1836-64), il n'a cessé de lui communiquer des travaux sur ses études de prédilection.

Dans sa première note (49), il établit que le *Marchantia polymorpha* des auteurs, signalé à Heverlé près de Louvain, est en réalité le *Marchantia* (*Rebouillea* Bisch.) *hemispherica* Linn. Il écrit d'autres notes sur quelques *Sclerotium* (52), sur le polymorphisme du Varech commun (*Fucus vesiculosus*) (87) et prélude ainsi à ses grandes *Recherches pour servir à la flore cryptogamique des Flandres*, complètes en 5 centuries qui virent le jour de 1841 à 1855 (59, 63, 66, 69, 86).

Dans cette série de Mémoires, J. Kickx inscrit ses découvertes et ses nouvelles observations. Elles peuvent être considérées comme des suppléments à sa Flore cryptogamique de Louvain et comme une préparation à la *Flore cryptogamique des Flandres*. Il est sobre d'espèces nouvelles et d'innovations de nomenclature; toujours exact et consciencieux, il reçut les encouragements les plus autorisés. Il ne s'occupe que des espèces dont l'indigénat n'avait pas encore été constaté en Belgique ou dont la détermination était restée douteuse. En terminant, dans la cinquième centurie, la série de ses recherches spéciales, il annonce qu'il convient désormais de s'occuper d'une flore générale : il donne une table des espèces et variétés qui figurent dans cette série de Recherches.

Un grand nombre de rapports complètent l'œuvre de J. Kickx (¹); ils devront être consultés par ceux qui s'occuperont de notre botanique cryptogamique. Il émet d'utiles observations sur les communications de Westendorp, Van Haesendonck, Bellynck, Leburton, Coemans, et il dirigea les études de son fils vers la voie qu'il parcourait lui-même. Il eut des disciples, et c'est par les soins pieux de son fils, M. J.-J. Kickx, que fut publiée après sa mort (1864), la *Flore cryptogamique des Flandres*. L'étendue de ce livre montre quels progrès ont été accomplis de 1835 à 1867, mais il reste encore beaucoup à marcher avant d'atteindre au terme de la connaissance systématique de la Flore cryptogamique de l'ensemble de la Belgique.

Les notices du Dʳ Westendorp, auquel J. Kickx n'a cessé de prodiguer ses bons avis, contribueront à atteindre ce but : elles se succédèrent rapidement de 1845 à 1861. Les principales, au

---

(¹) J. Kickx s'occupait, quand l'occasion se présentait, de cryptogames exotiques. En 1838, il décrit, sous le nom de *Polyporus myrrhinus,* un amadouvier de Cuba dont le nom signale l'odeur de myrrhe qu'il répand, et en 1841, il décrit plusieurs champignons du Mexique, récoltés par Galeotti (Hyménomycètes : *Leuziles verrucosa* Kickx (c. icon.); *Trametes fibrosa* Fr.; *Polyporus gilvus* Fr.; Pyrénomycètes : *Hypoxylon tabacinum* Kickx (cum icone); *H. Galeolianum* Kickx (cum icone). Angiogastres : *Cyathus subiculosus* Kickx (cum icone).

nombre de sept, constituent le complément nécessaire de l'*Herbier cryptogamique* du même savant, mais en ne négligeant pas les rapports de J. Kickx.

M. Leburton a renseigné en 1852 (355), 191 espèces ou variétés qui n'avaient pas encore été observées aux environs de Louvain et dont une vingtaine étaient à peu près inconnues en Belgique.

La même année, M. l'abbé Bellynck (1) donne l'indication et l'habitat de 700 espèces observées dans les environs de Namur, dont une centaine paraissent nouvelles.

En 1858, M. l'abbé E. Coemans commence ses recherches de lichénographie : il établit, par une minutieuse analyse, les affinités des *Hysterium Prostii, Xylographa parallela* et *Argyrium rufum*. Plus tard, en 1865, il fait paraître la monographie des *Cladonia* d'Acharius et un bel exsiccata des *Cladoniae Belgicae*. Son rapport sur la monographie des Graphidées de Belgique par M. J.-J. Kickx doit être consulté pour la distribution géographique de ces Lichens, et la critique de certains *Spiloma* de Chevallier. Dans cette monographie elle-même, l'auteur, s'occupant des genres *Graphis, Opegrapha* et *Arthonia*, rejette un grand nombre de genres établis trop légèrement.

Outre ces documents publiés par l'Académie sur la végétation cryptogamique du pays, on pourra encore consulter avec utilité le *Catalogue des cryptogames du Brabant et d'Anvers*, par Westendorp et Van Haesendonck (1858); *le Catalogue des algues inférieures observées aux environs de Tournai*, par M. F.-D. Marissal (MÉM. DE LA SOC. HIST. ET LITT. DE TOURNAI, t. I, 1850); les *Cryptogames d'après leurs stations naturelles*, par Westendorp (1854); la *Flore mycologique de Gentinnes*, par le comte Alfred de Limminghe (1857), et les *Bulletins de la Société royale de Botanique*.

VII. — PALÉONTOLOGIE VÉGÉTALE.

Ce sujet ayant été dévolu à la géologie, nous nous bornons à énumérer les travaux suivants :

J.-J.-D. Sauveur. — Planches figuratives des végétaux fossiles des terrains houillers de la Belgique (*Nouv. Mém.*, t. XXII, 1848).

E. Coemans et J.-J. Kickx. — Monographie des Sphenophyllum d'Europe (*Bull.*, 1864, 2e sér., t. XVIII).

E. Coemans. — Description des végétaux fossiles du terrain crétacé du Hainaut (*Bull.*, 1866, 2e sér., t. XXI).

E. Coemans. — Description de la flore fossile du 1er étage du terrain crétacé du Hainaut (*Mém.*, t. XXXVI; 1867).

VIII. — PATHOLOGIE VÉGÉTALE.

Nous avons rappelé, au commencement de ce travail, que l'Académie s'était émue, dès les premières années de sa création, d'une maladie qui sévissait dans les champs de pommes de terre aux environs d'Audenarde et qu'elle avait couronné le mémoire qui lui fut soumis sur cette question par le Dr P. Van Baveghem, de Baesrode. Cette maladie s'était manifestée en 1778 : l'auteur lui donne le nom de *crolle* et ne fait nulle mention de putridité. A la fin du mois de juin 1845, la pomme de terre fut de nouveau atteinte d'une affection pathologique qui s'étendit sur la plus grande partie de la Belgique en ruinant les récoltes et compromettant l'alimentation publique. L'Académie qui, dès son institution, avait compris l'agronomie dans le cercle de ses travaux, ne pouvait demeurer insensible en présence d'une crise aussi grave.

Charles Morren (¹) soutint avec une vive énergie que le fléau

______

(¹) *Instructions populaires*, 24 septembre 1845.

est dû au développement d'un *Botrytis* (*B. infestans,* aujourd'hui *Peronospora infestans*) dans les fanes et même dans l'intérieur des tubercules, en d'autres termes, au parasitisme d'un champignon hyphomycète. Il publie cette importante observation que dans le cercle d'action de certains établissements industriels les récoltes de pommes de terre furent préservées. Il préconise certains procédés de culture et certaines plantes pour obvier à la disette.

M. Du Mortier assure que c'est dans le district de Courtrai que le mal a pris naissance pour de là rayonner sur tout le pays et dans les contrées voisines. Il le considère comme une *cloque* analogue à celle qui attaque le pêcher et qui devient sèche ou putride, suivant les conditions sèches ou humides de la température et du sol, et il rattache cette invasion à celle de 1778.

Martens se refuse à admettre l'existence d'un champignon et considère la maladie comme une décomposition putride qui atteint surtout les principes azotés.

Un grand nombre de communications furent adressées à l'Académie sur le même sujet, mais sans élucider le problème : un concours spécial institué par le Gouvernement demeura sans résultat.

Dans la même année, 1845, de triste mémoire, la vigne fut également éprouvée et envahie par une mucédinée. Cette maladie a été observée par M. le Dr Crocq qui, après avoir étudié l'évolution et les métamorphoses du champignon que Berkeley avait nommé *Oïdium Tuckeri*, croit devoir l'ériger en un genre nouveau : *Endogenium vitis* et soutenir que l'invasion du parasite suit l'apparition du mal. Ch. Morren ne partageait pas cette opinion.

On peut encore, en ce qui concerne la pathologie des plantes, lire avec utilité :

Une note de Ch. Morren sur la perforation des tubercules de pommes de terre par le *Triticum repens*.

Deux notices de Ch. Morren et de M. Ph. Lejeune sur une

maladie et une déformation des crucifères agricoles provoquée par la larve d'un diptère, l'*Anthoniza brassicae* Bouch.

Enfin les observations anatomiques de Ch. Morren sur la congélation des végétaux.

IX — AGRONOMIE ET TECHNOLOGIE.

L'Académie ne s'est jamais désintéressée dans les questions agronomiques et technologiques, mais tandis qu'à son origine elle représentait à peu près seule toute l'activité intellectuelle du pays, de nos jours les institutions spéciales se sont établies et développées, et ce n'est plus guère que dans les circonstances extraordinaires que l'Académie intervient dans les faits d'applition ([1]).

En 1833, M. J. Vandorne (*Nouv. Mém.*, t. VII, p. 55) envoie quelques lignes sur la construction des hygromètres avec les fruits de l'*Erodium gruinum* Willd.

En 1840, Scheidweiler expose un procédé simple et relativement salubre pour le rouissage du lin et du chanvre : il consiste à entasser les tiges dans de petites auges et à diriger habilement la fermentation, enfin à laver avec quelques cendres de bois.

En 1841, Cantraine signale l'emploi en Bosnie et en Dalmatie du *Chrysanthemum leucanthemum* comme pulicicide.

En 1850, A. Blanco transmet quelques renseignements sur la culture et l'emploi de la pistache de terre (*Arachis hypogoea*).

En 1845, sous l'influence de la crise alimentaire qui sévissait alors en Belgique et d'un mouvement très-actif sur le perfectionnement de l'agriculture, l'Académie demande, par la voie du concours, une dissertation sur les meilleurs moyens de fertiliser

---

([1]) Relativement à l'activité agricole de la Belgique, il faut consulter le *Bulletin du conseil supérieur d'agriculture* et d'autres publications officielles; le *Journal d'agriculture pratique* de Ch. et Éd. Morren, etc., les Bulletins et les journaux de plusieurs comices et sociétés agricoles.

les landes de la Campine et des Ardennes, sous le triple point
de vue de la création de forêts, de prairies et de terres arables.
Ce concours a donné de superbes résultats. Trois Mémoires
furent couronnés.

Du Trieu de Terdonck, dans un mémoire qui concerne spécialement la Campine, esquisse l'histoire agricole de la Belgique,
préconise certaines mesures d'économie politique, telles que
l'établissement de routes et de chemins de fer, la vente des biens
communaux, l'exemption temporaire des impôts.

M. Raingo s'attache à l'exploitation des petites cultures et
demande qu'on favorise l'émigration vers les landes.

M. Bivort traite du climat, du sol et des améliorations dont il
est susceptible, des perfectionnements agricoles, des modes d'exploitation rurale et, dans tous les chapitres de son ouvrage, il
laisse percer des vues d'économie politique et financière dont il
est important de tenir compte.

Ce concours fut apprécié par Ch. Morren et Martens.

D'autres questions d'économie rurale provoquèrent encore
d'utiles et remarquables travaux, par exemple, un mémoire de
M. Alexis Ecnens *Sur la fertilisation de la Campine*, véritable
traité *ex professo* dont Martens a donné une analyse détaillée;
un *Exposé général de l'agriculture luxembourgeoise* par
M. Henri Le Docte, un mémoire de chimie et de physiologie
végétale du même agronome *Sur les engrais et leur mode d'action,* et un mémoire de M. A. de Hoon sur les *Polders de la rive
gauche de l'Escaut.*

En ces matières, c'est à la richesse publique et sur le terrain
même qu'il faut apprécier les progrès accomplis, et tout le monde
sait en Belgique combien la Campine et l'Ardenne ont changé
d'aspect depuis vingt-cinq années. Les routes et les canaux leur
ont porté les irrigations et les amendements nécessaires : les
sapinières qui pourvoient aux besoins des charbonnages, les prairies naturelles et les cultures agraires ont acquis un développement facilement appréciable par l'élévation du prix des terres.

En 1853, Ch. Morren a résumé l'histoire des disettes en Belgique et en a apprécié les causes.

Enfin, en 1861, M. le Dr Gosse de Genève nous a envoyé un intéressant aperçu technologique sur le Cocalier (*Erythroxylon coca*).

X. — HISTOIRE, BIOGRAPHIES ET LITTÉRATURE.

Nous ne croyons pas devoir résumer ici les travaux de ce genre : nous nous bornerons à mentionner ceux qui concernent la botanique et qu'on peut trouver dans les *Bulletins* et les *Annuaires* de l'Académie ainsi que dans les publications de la commission de Biographie nationale.

1. — Histoire.

Boece de Boodt (Anselme).
Busbecq (Auger-Ghislain).
Fuchs (Léonard).
Fusch (Remacle).
Lobel (Mathias).
Van Sterbeeck.

2. — Biographies.

Bory de Saint-Vincent.
Coemans (E.-H.-L.-G.).
Cornelissen (E.-N.).
Courtois (Richard).
De Candolle (A.-P.).
Galeotti (H.-G.).
Kickx (Jean I).

Kickx (Jean II).
Lejeune (A.).
Martens (M.).
Martius (Ph. von).
Morren (Charles).
Spring.
Van Hulthem (E.-J.-E.).
Van Mons (J.-B.).

3. — Littérature.

Discours sur les fleurs nationales, par Charles Morren.
Le globe, le temps et la vie, discours par Charles Morren.
Sur les jardins suspendus de Babylone, par F. Van Hulst.

XI. — BIBLIOGRAPHIE BOTANIQUE PENDANT LA PÉRIODE NATIONALE.

—

Membres, associés et correspondants de l'Académie.

1. Bellynck (A.) . . . Catalogue des cryptogames des environs de Namur, Bull., t. XIX, 1ʳᵉ part., p. 45; 1852.
2. Cantraine . . . . . Le *Chrysanthemum Leucanthemum* pulicicide, Bull., t. VIII, 2ᵉ part., p. 234; 1841.
3. Coemans (Eug.). . . Monographie du genre *Pilobolus*, Mém. cour., t. XXX.
4. — — Sur quelques cryptogames critiques, Bull., t. V, p. 448; 1858.
5. — — Note sur le *Pilobolus cristallinus*, Bull., t. VIII, p. 199; 1859.
6. — — Sur la *Peziza sclerotiorum*, Bull., t. IX, p. 92; 1860.
7. — — Sur la reproduction des Mucorinées, Bull., t. XVI, pp. 68 et 177; 1863.
8. — — Sur quelques Hyphomycètes nouveaux, Bull., t. XV, p. 536; 1863.
9. — — Sur les conidies des Agaricinées, Bull., t. XV, p. 639; 1863.
10. — — Monographie des *Sphaenophyllum*, Bull., t. XVIII; 1864.
11. — — *Cladoniae Acharinae*, Bull., t. XIX, p. 32; 1865.
12. — — Rapport sur F. Crépin : *Glyceria*, Bull., t. XIX, p. 525; 1865.
13. — — Rapport sur F. Crépin : 5ᵉ fascicule, Bull., t. XIX, p. 158; 1865.
14. — — Végétaux fossiles du terrain crétacé, Bull., t. XXI; 1866.
15. — — Rapport sur J.-J. Kickx : *Psilotum*, Bull., t. XXIX, 1ʳᵉ part., pp. 1 et 17; 1870.
16. — — Sa biographie par M. C. Malaise, Ann., 1872.
17. Decaisne (J.) . . . Flore du Japon, Bull., t. II, p. 203; 1835. *Ibid.*, t. III, p. 168; 1836.
18. — — Lettre sur le développement du pollen et de l'ovule du Gui, Bull., t. VI, 1ʳᵉ part., p. 35; 1839.
19. — — Caractères des Thalassiophytes, Bull., t. VII, 1ʳᵉ part., p. 409; 1840.

20. Decaisne (J.) . . . Recherches sur la Garance, Mém. cour., t. XII; 1840.
21.   —   —   Sur la place des Corallinées, Bull., t. VIII, 2ᵉ part., p. 463; 1841.
22.   —   —   Sur le développement du pollen, de l'ovule et sur la structure des tiges du Gui. Nouv. Mém., t. XIII; 1841.
23.   —   —   Sur les anthéridies et les spores des Fucus, Bull., t. XI, 2ᵉ part., p. 513; 1844.
24. De Koninck . . . . Rapport sur Coemans et J.-J. Kickx : *Sphaenophyllum*, Bull., t. XVIII, p. 126; 1864.
25. G. Dewalque. . . . Tubercules aériens sur la pomme de terre, Bull., t. XIX, 3ᵉ part., p. 552; 1852.
26.   —   —   Rapport sur E. Coemans : Végétaux fossiles du terrain crétacé du Hainaut, Bull., t. XXI, p. 275; 1866.
27. Du Mortier(B.-C.). Structure comparée des animaux et des végétaux, Nouv. Mém., t. VII; 1852.
28.   —   —   Essai carpographique, Nouv. Mém., t. IX; 1835.
29.   —   —   Rapport sur R. Courtois : Tilleuls d'Europe, Bull., t. II, p. 15; 1835.
30.   —   —   Notice sur le genre *Maclenia*, Nouv. Mém., t. II; 1835.
31.   —   —   Rapport sur J. Decaisne : la Garance, Bull., t. III, p. 493; 1836.
32.   —   —   Lettres de Giesbrecht, Linden, Funck, Bové, Mouatte et Greube, Bull., pp. 42, 45; 1838; p. 447; 1839.
33.   —   —   Sur deux nouveaux *Gesneria*, Bull. t. III, p. 361; 1836.
34.   —   —   Sur le genre *Adoxa*, Bull., t. III, p. 415; 1856.
35.   —   —   Rapport sur Ch. Morren : Aphanizomenon, Bull., t. III, p. 430; 1836.
36.   —   —   Rapport sur J. Decaisne : Garance, Bull., t. III, pp. 132, 495; 1836.
37.   —   —   Sur le genre *Dionoea*, Bull., t. IV, p. 443; 1837.
38.   —   —   Rapport sur Vande Vyvere : Phanérogamie de la Flandre, Bull., t. IV, p. 410; 1837.
39.   —   —   Rapport sur Ch. Morren : *Stylidium*, Bull., t. IV, p. 485; 1837.
40.   —   —   Rapport sur Spring : Lycopodiacées, Bull., t. VIII, 1ʳᵉ part., p. 577; 1841.
41.   —   —   Liste des plantes pour phénomènes périodiques, Bull., t. IX, 1ʳᵉ part., p. 79; 1842.
42.   —   —   Sur la cloque des pommes de terre, Bull., t. XII, 2ᵉ part., p. 285; 1845.
43. Galeotti (H.-G.) . Notice sur les Vacciniées et les Éricacées du Mexique, Bull., t. IX, 1ʳᵉ part., p. 526; 1842.

44. GALEOTTI (H.-G.) . Graminées et Cypéracées du Mexique, BULL., t. IX, 2ᵉ part.,
p. 227; 1842.

45. — — Plantes du Mexique, BULL., t. IX, 2ᵉ part., pp. 52, 372;
1842; t. X, 1ʳᵉ part., pp. 110, 208, 341; 2ᵉ part., pp. 31,
178, 302; 1843; t. XI, 1ʳᵉ part., pp. 121, 227, 355;
2ᵉ part., p. 61, 185, 519; t. XII, 1ʳᵉ part., p. 129;
2ᵉ part., pp. 15, 227; 1845.

46. — — Mémoire sur les Fougères du Mexique, Nouv. Mém., t. XV;
1842.

47. — — Sa biographie, par M. A. Quetelet, ANN., 1859.

48. HÉRICART DE THURY. Notice sur Bory de St-Vincent, ANN., 1848.

49. JEAN KICKX II . . . Sur le *Marchantia fragrans*, BULL., t. IV, p. 19; 1857.

50. — — Liste des plantes du littoral, BULL., t. IV, p. 50; 1857.

51. — — Sur l'hybridité dans les Fougères, BULL., t. IV, p. 120;
1857.

52. — — Sur trois espèces de *Sclerotium*, BULL., t. IV, p. 313; 1857.

53. — — Note sur les *Chamaerops*, BULL., t. V, p. 55; 1858.

54. — — Notice sur A.-G. Busbecq, BULL., t. V, p. 202; 1858.

55. — — Sur une nouvelle espèce de Polypore, BULL., t. V, p. 370;
1858.

56. — — Note sur Westendorp : *Epilobium*, BULL., t. VI, 1ʳᵉ part.,
p. 150; 1839.

57. — — Sur le genre *Angelonia* (Scrophulariées) BULL., t. VI,
1ʳᵉ part., p. 507 ; 1839.

58. — — Sur l'*Aristolochia glandulosa,* BULL., t. VI, 2ᵉ part.,
p. 450; 1859.

59. — — Première centurie des cryptogames des Flandres, Nouv.
Mém., t. XIII; 1841.

60. — — Sur quelques champignons du Mexique, BULL., t. VIII,
2ᵉ part., p. 72; 1841.

61. — — Notice sur François Van Steerbeeck, avec concord., BULL.,
t. IX, 2ᵉ part., p. 393; 1842.

62. — — Rapport sur la croissance du Pin sylvestre, BULL., t. IX,
2ᵉ part., p. 500; 1842.

63. — — Deuxième centurie des cryptogames des Flandres, Nouv.
Mém., t. XVII; 1844.

64. — — Rapport sur la monographie des Lis de Spae, BULL., t. XII,
2ᵉ part., p. 134; 1845.

65. — — Rapport sur une notice de Westendorp (Cryptogames des
Flandres), BULL., t. XII, 2ᵉ part., p. 201; 1845.

66. — — Troisième centurie des cryptogames des Flandres, Nouv.
Mém., t. XX ; 1847.

67. Jean Kickx II . . . Rapport sur la maladie des pommes de terre (Bonjean),
Bull., t. XIV, 1re part., p. 72; 1847.

68. — — Rapport sur les Lycopodiacées du Dr Spring, Bull., t. XV,
1re part., p. 136; 1848.

69. — — Quatrième centurie des cryptogames des Flandres, Nouv.
Mém., t. XXIII; 1849.

70. — — Rapport sur la maladie des pommes de terre (conc. gén.),
Bull.. t. XVII, 2e part., p. 2; 1850.

71. — — Sur une ascidie du rosier, Bull., t. XVIII, 1re part.,
p. 591; 1851.

72. — — Rapport sur une notice cryptogamique de Westendorp,
Bull., t. XVIII, 2e part., p. 10; 1851.

73. — — Rapport sur la maladie des pommes de terre (Van House-
broeck), Bull., t. XVIII, 2^e part., p. 277; 1851.

74. — — Rapport sur une notice cryptogamique de M. A. Bellynck,
Bull., t. XIX, 1re part., p. 7; 1852.

75. — — Rapport sur la maladie de la Vigne (Dr Crocq), Bull.,
t. XIX, 1re part., p. 11; 1852.

76. — — Notice sur une pluie de *Sclerotium semen*, Bull., t. XIX,
3^e part., p. 41; 1852.

77. — — Notice sur A. Boece de Boodt, Bull., t. XIX, 2e part.,
p. 205; 1852.

78. — — Rapport sur une notice cryptogamique de Leburton, Bull.,
t. XIX, 2e part., p. 539; 1852.

79. — — Rapport sur une notice cryptogamique de Westendorp,
Bull., t. XIX, 3e part., p. 40; 1852.

80. — — Rapport sur la coloration des végétaux (Ed. Morren),
Bull., t. XIX, 3e part., p. 577; 1852.

81. — — Rapport sur Crépin : *Galeopsis*, Bull., t. XX, 3e part.;
1853.

82. — — Rapport sur Crépin : Hybrides de *Mentha*, Bull., t. XX,
3e part., p. 272; 1853.

83. — — Rapport sur Heffner : *Busbecq*, Bull., t. XX, 3e part.;
1853.

84. — — Rapport sur Westendorp : 4e notice crypt., Bull., t. XXI,
2e part., p. 139; 1854.

85. — — Rapport sur A. Mathieu : Plantes rares, Bull., t. XXI,
2e part., p. 548; 1854.

86. — — Cinquième centurie des cryptogames des Flandres, Nouv.
Mém., t. XXIX; 1855.

87. — — Sur les variétés du *Fucus vesiculosus*, Bull., t. XXIII,
1re part., p. 477; 1856.

88. Jean Kickx II. . . Rapport sur Bommer : *Gagea,* Bull., t. XXIII, p. 736; 1856.

89. — — Rapport sur De Moor: *Michelaria,* Bull., t. XXIII, p. 546; 1856.

90. — — Rapport sur Westendorp : 5e notice (Hypoxylées), Bull., t. XXVI, 2e part., p. 495; 1857.

91. — — Rapport sur Coemans : *Pilobolus,* Bull., t. XII, p. 12, 1861.

92. — — Rapport sur Coemans : Cryptogames critiques, Bull., t. V, p. 335; 1858.

93. — — Rapport sur Westendorp: 6e notice cryptogamique, Bull., t. VII, p. 4; 1859.

94. — — Rapport sur Crépin: Plantes rares, Bull., t. VII, p. 3; 1859.

95. — — Rapport sur E. Coemans: *Pilobolus,* Bull., t. VIII, p. 151, 1859.

96. — — Rapport sur Ph. Lejeune: Maladie du navet, Bull., t. VIII, p. 476; 1859.

97. — — Notice sur A.-L.-S. Lejeune: Ann.; 1860.

98. — — Rapport sur E. Coemans : *Peziza Sclerotiorum,* Bull., t. IX, p. 8; 1860.

99. — — Rapport sur A. Wesmael : *Hybr. de Cirsium,* Bull., t. X, p. 399; 1860.

100. — — Rapport sur A. Wesmael: *Hybr. de Cirsium,* Bull., t. XI, p. 5; 1861.

101. — — Rapport sur Gosse : *Erythroxylon,* Bull., t. XII, p. 235; 1861.

102. — — Rapport sur A. Wesmael : *Draba,* Bull., t. XI, p. 619; 1861.

103. — — Rapport sur A. Wesmael : *Cirsium,* Bull., t. XII, p. 240, 1861.

104. — — Rapport sur Westendorp : 7e notice cryptogamique, Bull., t. XI, p. 619; 1861.

105. — — Rapport sur A. Wesmael : Plantes rares, Bull., t. XIII, p. 3; 1862.

106. — — Rapport sur F. Crépin: 2e fascicule, plantes rares, Bull.; t. XIV, p. 72; 1862.

107. — — Rapport sur A. Wesmael : Tératologie, Bull., t. XIII, p. 221; 1862.

108. — — Rapport sur A. Wesmael: *Cirsium,* Bull., t. XIV, p. 353; 1862.

109. — — Rapport sur E. Coemans: Hyphomycètes nouveaux, Bull., t. XV, p. 523, 1863.

110. Jean Kickx II . . Rapport sur E. Coemans : Conidies des Agaricinées, Bull., t. XV, p. 614, 1863.

111.   —   —   Rapport sur F. Crépin : 4ᵉ fascicule : Plantes rares, Bull., t. XVI, p. 475; 1863.

112.   —   —   Rapport sur A. Wesmael : Utricules des *Carex*, Bull., t. XV, p. 522; 1863.

113.   —   —   Rapport sur A. Wesmael : Ovaire des *Trifolium*, Bull., t. XV, p. 615; 1863.

114.   —   —   Sa biographie, par C. Poelman, Ann.; 1865.

115. Lacordaire (Th.). Discours prononcé aux funérailles de Ch. Morren, Ann., 1859.

116. Lejeune (A.-L.-S.). Sur le genre *Nasturtium*, Nouv. Mém.; Bull., p. 15; 1831.

117.   —   —   Sur les *Platanthera*, Bull. t. II, p, 333; 1835.

118.   —   —   Sur l'*Oxalis zonata*, Bull., t. II, p. 334; 1835.

119.   —   —   Sur deux *Senecio*, Bull., t. V, p. 284; 1838.

120.   —   —   Discours à ses funérailles, par E. de Selys, Ann.; 1859.

121. Malaise (C.) . . . Sur l'Adoxa moschatellina, Bull., t. XXII, 2ᵉ part., p. 516; 1855.

122. Marchal . . . . . Notice sur J. Kickx Iᵉʳ, Nouv. Mém., t. VII; 1852. (Séance du 4 juin 1851.)

123. Martens (M.). . . Hybridité dans les Fougères, Bull., t. IV, p. 47; 1837.

124.   —   —   Plantes nouvelles de l'Amérique septentrionale, Bull., 1ʳᵉ part., t. VIII, p. 63; 1841.

125.   —   —   Rapport sur Spring : *Lycopodiacées*, Bull., t. VIII, 1ʳᵉ part. p. 577; 1841.

126.   —   —   Floraison d'un *Agave americana*, Bull., t. VIII, 2ᵉ part., p. 112; 1841.

127.   —   —   Sur les Fougères du Mexique, Nouv. Mém., t. XV; 1842.

128.   —   —   Sur les Vacciniées et les Éricacées, Bull., t. IX, 1ʳᵉ part., p. 526; 1842.

129.   —   —   Plantes du Mexique, Bull., t. IX, 2ᵉ part., p. 52, 1842; t. X, 1ʳᵉ part., p. 110, 208, 341; 2ᵉ part., p. 31, 178, 302, 1843; t. XI, 1ʳᵉ part., p. 121, 227, 335; 2ᵉ part. p. 61, 185, 519, 1844; t. XII, 1ʳᵉ part., p. 129; 2ᵉ part. p. 15, 257, 1845.

130.   —   —   Rapport sur Spae : Lis, Bull., t. XII, p. 254; 1845.

131.   —   —   Sur la maladie de la pomme de terre, Bull., t. XII, 2ᵉ part., p. 556; 1845.

132.   —   —   Rapport sur Bonjean : Pommes de terre, Bull., t. XIV, 1ʳᵉ part., p. 72 ; 1847.

133.   —   —   Rapport sur Jacquemin : Pommes de terre, Bull., t. XIV, 1ʳᵉ part., p. 75, 1847.

154. Martens (M.). . . Rapport sur Eenens : Campine, Bull., t. XV, 2e part., p. 617; 1848.

155. — — Rapport sur Le Docte : Engrais, Bull., t. XV, 2e part., p. 599; 1848.

136. — — Rapport sur Pinel : Brésil, Bull., t. XIX, 2e part., p. 481, 1852.

137. — — Rapport sur De Moor : Embryon des Graminées, t. XIX, 1re part., p. 509; 1852.

138. — — Rapport sur la coloration des plantes, Éd. Morren, Bull., t. XIX, 3e part., p. 530; 1852.

139. — — Rapport sur F. Crépin : *Galeopsis*, Bull., t. XX, 3e part.; 1853.

140. — — Rapport sur De Moor : Embryon des Graminées, Bull., t. XX, 1re part., p. 323; 1853.

141. — — Sur les couleurs des végétaux, Bull., t. XX, 1re part., p. 197, 1853.

142. — — Rapport sur Westendorp : 4e notice cryptogamique, Bull., 2e part., p. 139; 1854.

143. — — Nouvelles recherches sur la coloration, Bull., t. XXII, 1re part., p. 157; 1855.

144. — — Rapport sur Ville : Nitrates, Bull., t. XXIII, 2e part., p. 404; 1856.

145. — — Rapport sur Westendorp : 5e notice cryptogamique, Bull., t. XXVI, 2e part., p. 497; 1857.

146. — — Rapport sur F. Crépin : Plantes rares, Bull., t. VII, p. 4; 1859.

147. — — Rapport sur E. Coemans : *Pilobolus*, Bull., t. VIII, p. 155; 1859.

148. — — Rapport sur E. Coemans : *Peziza*, Bull., t. IX, p. 7; 1860.

149. — — Rapport sur A. Wesmael : *Cirsium*, Bull., t. X, p. 401; 1860.

150. — — Rapport sur Gosse : *Erythroxylon*, Bull., t. XII, p. 238, 1861.

151. — — Rapport sur A. Wesmael : *Draba*, Bull., t. XI, p. 619; 1861.

152. — — Rapport sur A. Wesmael : *Ranunculus*, Bull., t. XIV, p. 167; 1862.

153. — — Rapport sur F. Crépin : 2e fascicule, plantes rares, Bull., t. XIV, p. 72; 1862.

154. — — Rapport sur A. Wesmael : Pommes de terre, Bull., t. XIV, p. 271; 1862.

155. Martens (M.). . . Rapport sur A. Wesmael : *Cirsium,* Bull., t. XIV, p. 355;
 1862.
156.   —   —   Rapport sur F. Crépin : 3ᵉ fascicule, plantes rares, Bull.,
 t. XV, p. 9 ; 1863.
157.   —   —   Discours aux funérailles de M. Martens, par J. Van Bene-
 den, Ann.; 1864.
158. Martius (Ph. von.) Sur la phyllotaxie des palmiers, Bull., t. XIII, 2ᵉ part.,
 p. 331 ; 1846.
159. Morren (Ch.). . . Plantes qui se percent, Bull., p. 230; 1835.
160.   —   —   Sur les Hydrophytes, Bull., p. 249, 297; 1835.
161.   —   —   Flore du Japon, Bull., p. 205, 1835; p. 168, 1836.
162.   —   —   Éclipse de 1836, Bull., p. 297 ; 1836.
163.   —   —   Catalepsie du *Dracocephalum Virginianum,* Bull., p. 342;
 1836.
164.   —   —   Anatomie du *Stylidium graminifolium,* Nouv. Mém., t. XI,
 1837.
165.   —   —   Fructification du Vanillier, Bull., p. 225, 1837.
166.   —   —   Mouvements de la sève : Bull., p. 300; 1837.
167.   —   —   Catalepsie des *Dracocephalum austriacum et moldavicum,*
 Bull., p. 591 ; 1837.
168.   —   —   Motilité du *Stylidium corymbosum,* Bull., p, 433, 1837.
169.   —   —   Plantes hypocarpogées : Bull., p. 434; 1837.
170.   —   —   Effet du duvet de Platane, Bull., p. 447; 1837.
171.   —   —   Anatomie du Figuier, Bull., p. 519; 1837.
172.   —   —   Hydrophytes. Genre Aphanizomène, Nouv. Mém., t. XI;
 1838.
173.   —   —   Tubercules des Orchis, Bull., p. 63; 1838.
174.   —   —   Congélation des végétaux, Bull., p. 65, 93; 1838.
175.   —   —   Cristallisations superépidermiques, Bull. p., 183; 1838.
176.   —   —   Motilité du *Stylidium adnatum,* Bull., p. 184; 1838.
177.   —   —   Infusoires dans les plantes, Bull., p. 298; 1838.
178.   —   —   Organisatᵒⁿ des Jungermannidées, Bull., p. 296, 348; 1838.
179.   —   —   Anatomie du *Cereus grandiflorus,* Bull., p. 360; 1838.
180.   —   —   Morphologie des ascidies, Bull., p. 130, 582; 1838.
181.   —   —   *Malaxis Parthoni,* Bull., p. 484; 1838.
182.   —   —   Indigo du *Polygonum tinctorium,* Bull., p. 763; 1838.
183.   —   —   Biographie de R. Courtois, Ann.; 1838 et 1839.
184.   —   —   Histologie de l'*Agaricus epixylon,* Bull., t. VI, 1ʳᵉ part.,
 p. 50; 1839.
185.   —   —   Anatomie de *Hedychium,* Bull., t. VI, 1ʳᵉ part., p. 64; 1839.
186.   —   —   Anatomie du *Goldfussia anisophylla,* Bull., t. VI,
 1ʳᵉ part., p. 69, 150, 1859.

187. Morren (Ch.). . . Anatomie des *Musa*, Bull., t. VI, 1re part., p. 178; 1859.

188. — — Anatomie du *Marica coerulea*, Bull., 1re part., p. 423; 1859.

189. — — Formation de l'huile dans les plantes, Bull., 1re part., p. 510; 1859.

190. — — Mouvements des feuilles chez les *Oxalis*, Bull., t. VI, 2e part., p. 68; 1859.

191. — — Gomme des Cycadées, Bull., t. VI, 2e part. p. 135; 1859.

192. — — Fructification du *Leptodes bicolor*, Bull., t. VI, 2e part., p. 582; 1859.

193. — — Mémoire sur l'indigo du *Polygonum*, Nouv. Mém., t. XII, 1859.

194. — — Anatomie du *Goldfussia anisophylla*, Nouv. Mém., t. XII, 1859.

195. — — Anatomie des *Hypnum*, Bull., t. VIII, 1re part., p. 68; 1841.

196. — — Anatomie des *Sphagnum*, Bull., t. VIII, p. 164; 1841.

197. — — Anatomie des *Fontinalis*, Bull., t. VIII, p. 222; 1841.

198. — — Notice sur les efflorescences, Bull., t. VIII, p. 345; 1841.

199. — — Rapport sur les Lycopodiacées de Spring, Bull., t. VIII, p. 379; 1841.

200. — — Motilité du *Megaclinium falcatum*, Bull., t. VIII, p. 385, 1841.

201. — — Anatomie du *Phyteuma spicatum*, Bull., t. VIII, p. 391; 1841.

202. — — Panachure des feuilles, Bull., t. VIII, 2e part., p. 9; 1841.

203. — — Symétrie de la chlorophylle, Bull., t. VIII, 2e part., p. 84; 1841.

204. — — Mouvement des Sensitives, Bull., t. VIII, 2e part., p. 232; 1841.

205. — — Note sur *l'Arachis hypogaea*, Bull., t. III, 2e part., p. 332; 1841.

206. — — Mémoires sur les Hydrophytes (2 à 6), Nouv. Mém., t. XIV; 1841.

207. — — Mémoire sur le *Sparrmania africana*, Nouv. Mém., t. XIV; 1841.

208. — — Mémoire sur le *Megaclinium falcatum*, Nouv. Mém., t. XV; 1842.

209. — — Lettre de Schultz sur la circulation, Bull., t. IX, 1re part., p. 173; 1842.

210. — — Anatomie des Passiflores, Bull., t. IX, 1re part., p. 202; 1842.

211. Morren (Ch.). . . Anatomie du *Sprekelia formosissima*, Bull., t. IX, 1re part., p. 302; 1842.

212. — — Anatomie des fleurons de Cynarées, Bull., t. IX, 2e part., p. 47; 1842.

213. — — Anatomie du *Cereus Napoleonis*, Bull., t. IX, 2e part., p. 210; 1842.

214. — — Anatomie de l'ivoire végétal, Bull., t. IX, 2e part., p. 362; 1842.

215. — — Rapport sur les recherches de Bravais et Martins, Bull., t. IX, 2e part., p. 300; 1842.

216. — — Anatomie du raisin, Bull., t. IX, 2e part., p. 511; 1842.

217. — — Recherches sur le papier de riz, Bull., t. X, 1re part., p. 26; 1843.

218. — — Effets de la compression sur les végétaux, Bull., t. X, 2e part., p. 292; 1843.

219. — — Biographie de A.-P. de Candolle, Ann.; 1843.

220. — — Rapport sur la monographie des Lis, Bull., t. XII, 2e part., p. 141; 1845.

221. — — Sur la maladie des pommes de terre, Bull., t. XII, 2e part., p. 299-372; 1845.

222. — — Rapport sur la fertilisation des landes, Bull., t. XIII, 2^e part., p. 130; 1846.

223. — — Discours sur les fleurs nationales, Bull., t. XIII, 2e part., p. 150; 1846.

224. — — Fructification de *Caraguata*, Bull., t. XIV, 2e part., p. 108; 1847.

225. — — Note sur le *Tropaeolum tuberosum*, Bull., t. XV, 1re part., p. 544; 1848.

226. — — Synanthie du *Torenia scabra*, Bull., t. XV, 1re part., p. 594; 1848.

227. — — Pélorie des Calcéolaires, Bull., t. XV, 2e part., p. 7; 1848.

228. — — Rapport sur la question des engrais, Bull., t. XV, 2e part., p. 594; 1848.

229. — — Autophyllogénie, Bull., t. XVI, 1re part., p. 52; 1849.

230. — — Duplication d'une Légumineuse, Bull., t. XVI, 2e part., p. 260; 1849.

231. — — Sur la cératomanie, Bull., t. XVI, p. 375; 1849.

232. — — Rapport sur l'histoire des céréales, Bull., t. XVI, p. 423; 1849.

233. — — Chorise de *Gloxinia*, Bull., t. XVI, p. 628; 1849.

234. — — Discours sur le globe, le temps et la vie, Bull., t. XVI, p. 628; 1849.

235. Morren (Ch.). . . Biographie de Rem. Fusch, Bull., t. XVII, p. 1 ; 1850.

236.   —   —   Mémorandum sur la Vanille, Bull., t. XVII, p. 108 ; 1850.

237.   —   —   Speiranthie des Cypripèdes, Bull., t. XVII, 1re part., p. 188; 1850.

238.   —   —   Sur la fleur des Lopéziées, Bull., t. XVII, 1re part., p. 516; 1850.

239.   —   —   Sur les virescences, Bull., t. XVII, 2e part., p. 125; 1850.

240.   —   —   Rapport sur la maladie des pommes de terre, Bull., t. XVII, 2e part., p. 2 ; 1850.

241.   —   —   Sur la sénanthie, etc., du *Bellevallia comosa*, Bull., t. XVII, 2e part., p. 29 ; 1850.

242.   —   —   Quatre récoltes de pommes de terre par an, Bull., t. XVII, p. 131 ; 1850.

243.   —   —   Coryphyllie d'un *Gesnera*, Bull., t. XVII, p. 385 ; 1850.

244.   —   —   Sur le spiralisme des tiges, Bull., t. XVIII, 1re part., p. 27 ; 1851.

245.   —   —   De l'atrophie du pollen, Bull., t. XVIII, 1re part., p. 274; 1851.

246.   —   —   Pélorisation sygmoïde des Calcéolaires, Bull., t. XVIII, 1re part., p. 581 ; 1851.

247.   —   —   Sur l'éclipse du 28 juillet 1851, Bull., t. XVIII, 2e part., p. 161; 1851.

248.   —   —   Sur la solénaïdie d'un *Antirrhinum*, Bull., t. XVIII, 2e part., p. 172; 1851.

249.   —   —   Sur la gymnaxonie chez un *Cuphea*, Bull., t. XVIII, 2e part., p. 288; 1851.

250.   —   —   Sur la métaphérie chez les *Fuchsia*, Bull., t. XVIII, 2e part., p. 495; 1851.

251.   —   —   Rapport sur les recherches du Dr Crocq, Bull., t. XIX, 1re part., p. 14; 1852.

252.   —   —   Sur la rhizocollésie chez les Navets, Bull., t. XIX, 1re part., p. 36; 1852.

253.   —   —   Rapport sur le catalogue des cryptogames de Bellynck, Bull., t. XIX, 1re part., p. 45; 1852.

254.   —   —   Sur l'achcilarie des Orchidées, Bull., t. XIX, 1re part., p. 250; 1852.

255.   —   —   Recherches sur les synanthies, Bull., t. XIX, 1re part., p. 341; 1852.

256.   —   —   Sur la synandrie, etc., chez les Calcéolaires, Bull., t. XIX, p. 635; 1852.

257.   —   —   Duplication de l'*Ulex europaeus*, Bull., t. XIX, 2e part., p. 7 ; 1852.

258. Morren (Ch.). . . Duplication des Orchidées, Bull., t. XIX, 2ᵉ part., p. 171; 1852.

259.   —   —   Duplication des Petunia, Bull., t. XIX, 2ᵉ part., p. 330; 1852.

260.   —   —   Sur la stésomie du *Primula sinensis*, Bull., t. XIX, 2ᵉ part., p. 519; 1852.

261.   —   —   Biographie de M. de l'Obel, Bull., t. XIX, 2ᵉ part., p. 180; 1852.

262.   —   —   Sur la calycanthémie des *Mimulus*, etc., Bull., t. XIX, 3ᵉ part., p. 85; 1852.

263.   —   —   Sur les disjonctions, Bull., t. XIX, 3ᵉ part., p. 314; 1852.

264.   —   —   Sur les ascidies tératologiques, Bull., t. XIX., 3ᵉ part., p. 444; 1852.

265.   —   —   Sur l'hiver de 1852-1853, Bull., t. XX, 1ʳᵉ part., p. 160; 1853.

266.   —   —   Sur les couronnes des Narcisses, Bull., t. XX, 2ᵉ part., p. 264; 1853.

267.   —   —   Sur une fleur double de Lilas, Bull., t. XX, 2ᵉ part., p. 273; 1853.

268.   —   —   Sur la péloric des *Gloxinia*, Bull., t. XX, 3ᵉ part., p. 48; 1853.

269.   —   —   Sur les causes des disettes, Bull., t. XX, 3ᵉ part., p. 169; 1853.

270.   —   —   Rapport sur le Maïs, par De Moor, Bull., t. XX, 3ᵉ part., p. 146; 1853.

271. Morren (Éd.). . . Notice biographique sur Ch. Morren, Ann., 1860.

272.   —   —   La vie et les œuvres de R. Fusch, Bull., t. XVI, 2ᵉ part., 1863.

273.   —   —   Sur le nombre des stomates chez quelques végétaux, Bull., t. XVI, 2ᵉ part., p. 489; 1863.

274.   —   —   Rapport sur J.-J. Kickx : Ascidies, Bull., 2ᵉ part., p. 614; 1863.

275.   —   —   Rapport sur E. Coemans : Cladoniæ, Bull., t. XIX, 2ᵉ part., p. 7; 1865.

276.   —   —   Chorise du Gloxinia pélorisé, Bull., t. XIX, 2ᵉ part., p. 216; 1865.

277.   —   —   Hérédité de la panachure, Bull., t. XIX, 2ᵉ part., p. 224; 1865.

278.   —   —   Rapport sur A. Wesmael : Nervation des *Crataegus*, Bull., t. XIX, 2ᵉ part., p. 393; 1865.

279.   —   —   Contagion de la panachure, Bull., t. XXVIII, 2ᵉ part., n° 11; 1869.

280. Poelman . . . . . Notice sur J. Kickx II, Ann., 1865.
281. Quetelet (Ad.). . Sur les phénomènes périodiques, Bull., t. VIII, 2ᵉ part.,
         p. 231 ; 1841.
282. — — Sur les phénomènes périodiques, Bull., t. IX, 1ʳᵉ part.,
         pp. 65, 123 ; 2ᵉ part., pp. 358, etc.
283. — — Sur les phénomènes périodiques, Nouv. Mém., t. XV;
         1842.
284. — — Rapport sur Bravais et Martins : Pin sylvestre, Bull.,
         t. IX, 2ᵉ part., p. 504 ; 1842.
285. — — Phénomènes périodiques, Nouv. Mém., t. XVI et sui-
         vants.
286. — — Notice sur J.-B. Van Mons, Ann., 1843.
287. — — Sur les moyens de faire donner aux plantes leurs
         feuilles, etc., Bull., t. I, p. 543 ; 1851.
288. — — Notice sur Cornelissen, Ann., 1851.
289. — — Influence de la température sur l'époque de la floraison,
         Bull., t. III, p. 83 ; 1852.
290. — — Influence des températures sur le développement de la
         végétation, Bull., t. I, p. 10 ; 1855.
291. — — Sur la relation de la température et de la durée de la
         végétation, Bull., t. I, p. 479 ; 1855.
292. — — Notice sur H.-G. Galeotti, Ann., 1859.
293. — — Sur la feuillaison, etc., comparées à Stettin et à Vienne,
         Bull., t. XIX, p. 595; 1865.
294. Schwann . . . . . Sur une pluie de graines, Bull., t. XIX, 2ᵉ part., p. 5
         (confr. Bull., t. XIX, 3ᵉ part., p. 41 ; 1852).
295. Spring (Ant.) . . . Enumeratio Lycopodinearum, Bull., t. VIII, 2ᵉ part.,
         p. 511 ; 1841 ; t. X ; 1843.
296. — — Réflexions sur les phénomènes périodiques, Bull., t. IX,
         1ʳᵉ part., p. 123; 1842.
297. — — Monographie des Lycopodiacées, 1ʳᵉ part., Nouv. Mém.;
         t. XV; 1842.
298. — — Monographie des Lycopodiacées, 2ᵉ part., Nouv. Mém.,
         t. XXIV; 1850.
299. — — Mucédinées dans l'abdomen d'un pluvier, Bull., t. XV,
         1ʳᵉ part., p. 486; 1848.
300. — — Rapport sur la maladie des pommes de terre, Bull.,
         t. XVII, p. 2; 1850.
301. — — Rapport sur De Moor : Embryon des Graminées, Bull.,
         t. XIX, 1ʳᵉ part., p. 503 ; 1852.
302. — — Champignons dans les œufs de poule, Bull., t. XIX,
         1ʳᵉ part., p. 555; 1852.

503. Spring (Ant.). . . Rapport sur Pinel : Brésil, Bull., t. XIX, 2ᵉ part., p. 481 ; 1852.

504. — — Rapport sur Éd. Morren : Coloration, Bull., t. XIX, 3ᵉ part., p. 554 ; 1852.

505. — — Rapport sur De Moor : Embryon des Graminées, Bull., t. XX, 1ʳᵉ part., p. 322 ; 1853.

506. — — Rapport sur De Moor : Maïs, Bull., t. XX, 3ᵉ part., p. 146 ; 1853.

507. — — Rapport sur C. Mathieu : De l'espèce, Bull., t. XXI, 1ʳᵉ part., p. 210 ; 1854.

508. — — Rapport sur Strail ; *Michelaria*, Bull., t. XXII, 2ᵉ part., p. 508 ; 1855.

509. — — Rapport sur De Moor : *Michelaria*, Bull., t. XXIII, 1ʳᵉ part., p. 544 ; 1856.

510. — — Rapport sur Westendorp : 5ᵉ notice, Bull., t. II, p. 497 ; 1857.

511. — — Rapport sur F. Crépin : Plantes rares, Bull., t. VII, 3ᵉ part.; 1859.

512. — — Discours aux funérailles de Ch. Morren, Ann., 1859.

513. — — Rapport sur E. Coemans : *Pilobolus*, Bull., t. XII, p. 8 ; 1861.

514. — — Rapport sur Gosse : *Erythroxylon*, Bull., t. XII, p. 257 ; 1861.

515. — — Rapport sur F. Crépin : 4ᵉ fasc. plant., Bull., t. XVI, p. 475 ; 1863.

516. — — Rapport sur A. Wesmael : Ovaire des *Trifolium*, Bull., t. XV, p. 617 ; 1863.

517. — — Rapport sur J.-J. Kickx : Ascidies, Bull., t. XVI, p. 614 ; 1863.

518. — — Rapport sur E. Coemans et J.-J. Kickx : *Sphaenophyllum*, Bull., t. XVIII, p. 125 ; 1864.

519. — — Rapport sur A. Wesmael : Observations tératologiques, Bull., t. XVIII, p. 574 ; 1864.

520. — — Considérations sur l'espèce, Bull., t. XVIII, p. 375 ; 1864.

521. — — Rapport sur E. Coemans : *Cladoniae*, Bull., t. XIX, p. 7 ; 1865.

522. — — Rapport sur Éd. Morren : Hérédité de la panachure, Bull., t. XIX, p. 156.

523. — — Rapport sur E. Coemans : Végétaux fossiles crét., Bull.; t. XXI, p. 276 ; 1866.

524. — — Rapport sur J.-J. Kickx : *Psilotum*, Bull., t. XXIX, p. 17 ; 1870.

525. — — Biographie de Ph. von Martius, Ann., 1871.

Notices et mémoires couronnés.

326. Bivort (J.-B.) . . Fertilisation de la Campine et de l'Ardenne, Mém. cour., t. XXI; 1846.

327. Blanco (Ant.). . . Sur l'*Arachis hypogaea*, Bull., t. XVII, 1re part., p. 524; 1850.

328. Bommer (J.-E.) . . Sur le *Gagea spathacea*, Bull., t. XXIII, 1re part., p. 776; 1856.

329. Bonjean (de Cham- Sur la maladie des pommes de terre, Bull., t. XIV,
béry)   1re part., p. 72; 1847.

330. Bravais (A.) et   Sur la croissance du Pin sylvestre, Mém. cour., t. XV;
Martins (Ch.).   1841-1842.

331. Courtois (R.) . . . Mémoire sur les Tilleuls d'Europe, Nouv. Mém., t. IX; 1835.

332. Crépin (Fr.) . . . Sur le *Galeopsis ladano-ochroleuca*, Bull., t. XX, 3e part.; 1853.

333.   —   —   Sur des hybrides de *Mentha*, Bull., t. XX, 3e part., p. 379; 1853.

334.   —   —   Sur quelques plantes rares de Belgique, Bull., t. VII, p. 94; 1859.

335.   —   —   Deuxième fascicule de plantes rares de Belgique, Bull., t. XIV, p. 76; 1862.

336.   —   —   Troisième fascicule de plantes rares de Belgique, Bull., t. XV, p. 50; 1863.

337.   —   —   Quatrième fascicule de plantes rares de Belgique, Bull., t. XVI, p. 509; 1863.

338.   —   —   Sur les *Glyceria*, Bull., t. XIX; 1865.

339.   —   —   Nouvelles remarques sur les *Glyceria*, Mém. in-8°, t. XVIII; 1866.

340.   —   —   Cinquième fascicule de plantes rares de Belgique, Mém. in-8°, t. XVIII; 1866.

341. Crocq (J.). . . . . Sur la maladie de la Vigne, Mém. cour., t. XXV; 1851.

342. De Hoon (A.). . . Sur les polders, Mém. cour., t. V; 1851.

343. De Moor . . . . . Sur l'embryon des Graminées, Bull., t. XX, 1re part., p. 358; 1853.

344.   —   —   Sur le genre Maïs, Bull., t. XX, 3e part., p. 200; 1853.

345.   —   —   Sur le genre *Michelaria*, Bull., t. XXIII, 1re part., p. 137; 1856.

346. Du Trieu de   Sur la fertilisation de la Campine et des Ardennes, Mém.
Terdonck (Ch.).   cour., t. XXI; 1846.

547. Eenens (Al.). . . . Fertilisation de la Campine, Bull., t. XV. 2ᵉ part., p. 617; 1848.

348. Gosse (L.-A.). . . Erythroxylon coca, Mém. cour. in-8°, t. XII; 1861.

549. Heffner (L.) . . . Notice sur Auger de Busbecq, Mém. cour., 1853-1854.

550. Kickx (J.-J.) . . . Sur les ascidies tératologiques, Bull., t. XVI, p. 623; 1863.

551. — — Monographie des Graphidées, Bull., t. XX, p. 97; 1868.

552. — — Sur le Psilotum triquetrum, Bull., t. XXIX, p. 17 ; 1870.

553. — — Monographie des Sphaenophyllum, Bull., t. XVIII; 1864.

554. Leburton . . . . . Catalogue des cryptogames des environs de Louvain, Bull., t. XIX, 2ᵉ part., p. 539; 1852.

555. Le Docte (H.) . . Sur les engrais, Mém. cour. in-8°; 1849.

556. — — Fertilisation des Ardennes, Mém. cour. in-8°; 1849.

357. Lejeune (Ph.) . . Sur une maladie des Navets, Bull., t. VIII, p. 476; 1859.

358. Linden (J.) et Preludia florae Colombianae, Bull., t. XX, 1ʳᵉ part., Planchon. p. 186 ; 1853.

559. Martins (Ch.). . . (Voir Bravais).

560. Morren (Aug.) . . Sur l'oxygénation de l'eau, Nouv. Mém., t. XIV; 1841.

361. Münter (J.). . . . Sur les Sclerotium, Bull., t. XI, p. 215; 1861.

362. Peers (le chev.). . Maladie des pommes de terre, Bull., t. XIX, 1ʳᵉ part., p. 286; 1852.

563. Planchon (J.-E.) . (Voir Linden).

564. Raingo . . . . . . Fertilisation de la Campine et des Ardennes, Mém. cour., t. XXI; 1846.

565. Scheidweiler (J.). Descriptio Cactearum Mexicanarum, Bull., t. V, p. 491; 1838; t. VI. 1ʳᵉ part., p. 88; 1839.

566. — — Sur le rouissage du lin et du chanvre, Bull., t. VII, 2ᵉ part., p. 15; 1840.

567. Spae (D.) . . . . . Monographie du genre Lis, Mém. cour., t. XIX; 1845-1846.

568. Strail (Ch.-A.). . Sur les Michelaria, Bull., t. XXII, 2ᵉ part., p. 508; 1855.

569. Thuret (G.). . . . Sur les zoospores des Algues, Bull., t. XIII, 2ᵉ part., p. 356, 1846.

570. Van Hulst (F.). . Sur les jardins de Babylone, Bull., t. V, pp. 475-540; 1838.

571. Wesmael (A.) . . Sur le Cirsium-super-oleraceo-palustre, Bull., t. X, p. 462; 1860.

372. — — Sur la silicule du Draba verna, Bull., t. XI, p. 660; 1861.

573. — — Sur le Cirsium Crepini, Bull., t. XI, p. 101; 1861.

574. — — Sur le Cirsium lanceolato-arvense, Bull., t. XII, p. 250; 1861.

375. — — Sur quelques plantes rares de Belgique, Bull., t. XIII, p. 44; 1862.

576. Wesmael (A.). . . . Observations tératologiques, Bull., t. XIII, p. 568; 1862.

577. — — Sur le *Ranunculus sub-acri-bulbosus*, Bull., t. XIV, p. 298; 1862.

578. — — Tératologie de la pomme de terre, Bull., t. XIV, p. 294; 1862.

579. — — Sur le *Cirsium sublanceolato-palustre*, Bull., t. XIV, p. 587; 1862.

580. — — Tératologie du *Salix capraea*, Bull., t. XVI, p. 532; 1863.

581. — — Sur l'utricule des *Carex*, Bull., t. XV, p. 544; 1863.

582. — — Sur l'ovaire des *Trifolium*, Bull., t. XV, p. 649; 1863.

583. — — Observations tératologiques, Bull., t. XVIII, p. 401; 1864.

584. — — Sur la nervation des Crataegus, Bull., t. XIX, p. 420; 1865.

585. Westendorp (G.). Sur l'*Epilobium canescens*, Bull., t. III, p. 558; 1836.

586. — — Cryptogames nouveaux des Flandres, Bull., t. XII, 2e part., p. 239; 1845.

587. — — Première notice sur les cryptogames nouveaux, Bull., t. XVIII, 2e part., p. 584; 1851.

588. — — Deuxième notice sur les cryptogames nouveaux, Bull., t. XIX, 5e part.; 1852.

589. — — Troisième notice sur les cryptogames nouveaux, Bull., t. XIX, 5e part., p. 210; 1852.

590. — — Quatrième notice sur les cryptogames nouveaux, Bull., t. XXI, 2e part., p. 229; 1854.

591. — — Cinquième notice sur les cryptogames nouveaux, Bull., t. II, p. 554; 1857.

592. — — Sixième notice sur les cryptogames nouveaux, Bull., t. VII, p. 77; 1859.

593. — — Septième notice sur les cryptogames nouveaux, Bull., t. XI, p. 644; 1861.

TABLE DES MATIÈRES.